普通地质学实习教程

——以长沙市为例

吴堑虹　项广鑫　谢燕霄　编著

图书在版编目(CIP)数据

普通地质学实习教程——以长沙市为例/吴堑虹,项广鑫,谢燕霄编著.
—长沙:中南大学出版社,2016.4
ISBN 978-7-5487-2215-1

Ⅰ.普... Ⅱ.①吴...②项...③谢... Ⅲ.地质学-实习-高等学校-教材 Ⅳ.P5-45

中国版本图书馆CIP数据核字(2016)第079126号

普通地质学实习教程——以长沙市为例
PUTONG DIZHIXUE SHIXI JIAOCHENG YI CHANGSHASHI WEILI

吴堑虹　项广鑫　谢燕霄　编著

□责任编辑　史海燕
□责任印制　易建国
□出版发行　中南大学出版社
社址:长沙市麓山南路　邮编:410083
发行科电话:0731-88876770　传真:0731-88710482
□印　装　湖南省誉成广告印务有限公司

□开　本　787×1092　1/16　□印张7.75　□字数201千字　□插页8
□版　次　2016年4月第1版　□印次　2016年4月第1次印刷
□书　号　ISBN 978-7-5487-2215-1
□定　价　28.00元

图书出现印装问题,请与经销商调换

前　言

为提高教学质量，强化对学生实践能力的培养，更好地引导学生进入“普通地质学”的实习环节，在中南大学地球科学与信息物理学院大力支持下及众多老师多年实践教学成果的基础上编著了本书。

本书根据大学地球科学本科及相关专业开设的“普通地质认识实习”课程要求，重点在以下三方面对学生进行指导：①实践并掌握野外地质工作的基本方法、技能和工具的使用；②掌握观察地质体及地质事件的基本程序和观察内容，并掌握各种地质体及地质事件特征描述方法；③加深对“普通地质学”课程所授理论知识的理解。本书也可供野外地质工作者、地学爱好者和户外运动爱好者参考。

全书共分四章，对认知实习所要求具备的基本知识、方法、技能进行了介绍；按观察路线分别对长沙市出露的主要地质体或地质对象进行了观察内容、观察要求的介绍；对主要地质对象特征配以相应照片，达到更为直观的效果；总结和列举了相关知识点和思考题，以引导学生扩展知识面、提高分析能力。

刘枝农、陈佼佼、陶连敏、佘晓、周玉洁等同学帮助收集了相关基础资料；王幼明、王成聪主编的《野外现场教学实习教学指导书》，吴承健、赖健清、龙永珍编写的《普通地质学实验指导书》对本书的编写提供了有益的支持。本书还得到湖南省国土资源厅“城市分散性地质遗迹保护”科研项目（编号 2016—19）支持，在此一并表示衷心感谢！

作　者

2015. 10. 10

目 录

第1章　绪　论

本书主要适用于综合性大学四年制地质学及相关专业的学生在进入专业学习前的野外地质认识实习教学环节。野外地质认识实习是综合性实践教学环节，主要进行地质现象的观察和认识，是掌握野外地质工作方法和技能的最基础的教学活动，更是使学生理论联系实际、培养和提高综合能力的过程，为后续专业学习打下感知认识、实践能力的基础。

1.1　实习目的及要求

地质认识实习通过地质理论教学与实践相结合，帮助学生深化对室内课堂教学中获取的基本地质知识和理论的理解，增强学生对所学地质知识的感性认识，初步掌握野外工作的基础方法，培养学生在实践中观察问题、分析问题、解决问题以及独立工作的能力。其具体要求主要有：

(1)在野外地质认识实习过程中，通过现场教学、对野外典型地质现象的直接观察、认识、描述和分析，获得地质体及地质现象的感性认识，锻炼学生的地质逻辑思维能力和时空观念。

(2)初步掌握野外地质工作的基本技能，为今后的地质工作和实践打下坚实的基础。通过老师示范及学生亲身实践相结合的教学方法，使学生掌握以下基本技能及方法：

- 野外空间定位、野外观察、认识、描述、记录地质现象的方法及步骤；
- 熟练掌握罗盘、GPS、地质锤、放大镜、照相机等与地质工作相关工具的使用方法；
- 熟练掌握地形图的使用、判读、在地形图上标定地质观察点及观察路线的基本方法；
- 掌握地质现象素描图、路线剖面图的绘制；
- 掌握坡度、地质体产状测量、地质标本采集和整理等工作技能；
- 掌握野外地质工作中记录的基本内容、格式和要求。

(3)初步掌握常见地质现象的野外识别方法，包括：

- 沉积岩、岩浆岩、变质岩三大岩类中常见岩石的野外识别方法；
- 断层、褶皱、节理、接触关系等构造的野外识别方法；
- 地形、地貌的野外识别方法；
- 地下水类型及地质灾害的识别方法。

(4)认识实习区内的基本地质体、地质现象并理解其形成机理，主要包括：

- 自然地理概况及区域地质背景

认识实习区的地貌类型及空间分布特征；了解实习区的自然气候类型及气象条件；了解实习区的区域背景，包括出露的地层、岩石类型、构造类型，大地构造演化史及大地构造类型。

• 地层、地层时代划分、地层间接触关系

认识实习区主要出露的各时代地层，地层时代划分依据的地质事实，地层产状，地层的岩石组合及特征；认识地层间接触关系的类型及判断接触关系的地质事实依据。

• 外动力地质作用及沉积岩

认识实习区外动力地质作用的风化、侵蚀、沉积作用结果；认识主要出露的沉积岩及其岩石学特征、沉积构造、产状、厚度等。

• 岩浆侵入作用、岩浆岩和侵入接触类型

认识实习区岩浆侵入作用形成的不同的岩浆岩，认识岩浆岩的岩石学特征、产状、穿插关系及岩浆岩与围岩的接触关系等。

• 变质作用和变质岩

认识实习区出露的不同变质作用所形成的变质岩；认识相应岩石的岩石学特征、产状等。

• 常见构造，如断层、节理、褶皱

认识实习区出露的断层、节理、褶皱等构造；判断这些构造的地质事实依据；认识这些构造的组成部分及特征；了解其产状、发育程度等。

• 新生代的外动力地质作用：风化作用和风化壳、河流地质作用的过程和产物

认识实习区出露的新生代外动力地质作用的产物，包括风化残积物、坡积物等的特征；认识不同发育阶段河流地质作用的结果。

• 地下水类型

认识实习区出露的潜水、承压水；认识含水层、透水层及特征。

• 矿产资源

理解实习区可被人类利用的各类岩石的性质；理解岩石成为矿产资源的依据。

• 地质灾害

认识实习区地质灾害(主要是滑坡、垮塌)的识别特征、构成要素、地质影响要素。

(5)掌握对野外工作获取的第一手资料的归纳总结、综合分析的方法及步骤，初步掌握地质调查报告的写作方法，完成地质实习报告编写，深化地学理论水平，并培养专业写作能力。

(6)在逐步适应野外地质工作环境过程中，培养学生艰苦奋斗、勤勤恳恳、勇于尝试的生活作风和科学精神，同时也让学生们的意志、体质得到进一步的锻炼。

(7)开阔学生视野，巩固课堂上学到的知识。面对大自然和人类社会的很多地质、地理问题，促使学生去思考、探索，使学生对地学产生浓厚的兴趣，并转化为学生们进一步学好地学知识的动力。

1.2 野外实习注意事项

野外实习是学生走出教室、锻炼自己的过程。野外工作地区通常具有地形复杂、交通不便、人烟稀少等特点，为了同学们的人身安全，在实习过程中应培养野外工作的安全意识，一方面可使实习顺利开展并达到实习目的和要求，另一方面可培养学生养成注重安全的好习

惯，为未来职业生涯的顺利实现提供安全保障。野外实习过程中请注意以下事项：

1.2.1 前期准备阶段

备齐实习期间的工具、资料。准备一个轻便、结实、耐脏的背包，方便携带野外实习用品。每个学生均要求配备实习区的地形图、罗盘、地质锤、放大镜等野外工作装备。有条件的可以选择性携带GPS、卷尺、照相机等工具。此外，每人还应准备野外记录本、2H铅笔、橡皮、三角尺、量角器等。要求穿着舒适防滑的鞋(最好是登山鞋，严禁穿凉鞋、拖鞋)、长袖衣、长裤、手套、具有遮阳功能的帽子。实习期间气温较高，为防止中暑、晒伤，应准备足够的饮用水、防晒霜等。实习期间可自带干粮。

1.2.2 野外调查阶段

(1)强化组织纪律，未征得带队教师许可，不得迟到、早退、缺席。每天实习的路线、集合地点及出发时间由各带队老师安排。集合前，学生应带上野外调查必需的全部生活、实习用品以及其他材料、资料，包括地质锤和罗盘。

(2)学生应认真听教师的教学讲解，积极主动地观察地质现象、动手实践和提问，积极思考。认真仔细地做好野外记录，保持野外记录本的整洁，不得缺页、破损。

(3)学生需穿着长衣、长裤和防滑运动鞋(或登山鞋)，视天气情况带上雨具或遮阳帽，禁止一切不安全的行为，严禁攀登悬崖峭壁，不得在水中玩耍。

(4)爱护实习区内公共财物、自然环境，不准随意涂写、敲打、刻划，不随意破坏一草一木，不得随意乱扔垃圾。

1.2.3 保密事项

(1)实习中野外记录本所记录的内容不得以任何形式外传泄密，完成实习后，记录本须完整上交。

(2)实习中所用的地形图不得复制或以任何形式外传泄密，完成实习后，必须完整上交。

第2章　认识实习的基础实验

本章内容是认识实习必备专业基础知识的实验指导，同时也可作为《普通地质学》实验教学的指导内容。本章主要介绍矿物及岩石的肉眼识别方法和常见矿物、岩石的基本特征，为认识实习中野外肉眼识别常见矿物、岩石的知识和技能储备。

2.1　矿物的物理性质

自然界已发现的矿物有数千种，但野外常见的矿物只有数十种。矿物的物理性质是在野外肉眼识别矿物的主要依据，只有少数矿物可以借助其与化学试剂反应的特征作为识别标志，因此要求学生掌握野外常见矿物的主要识别物理特征(特别是一些矿物的特有特征)。

肉眼可观察到的矿物物理性质主要包括矿物形态、颜色、透明度、光泽、条痕、解理、断口、磁性、硬度等。辅助识别矿物的简便工具有小刀、钢针、放大镜及少数化学试剂(如盐酸、钼酸铵、茜素红等)。在实验室进行矿物物理性质观察时，要求学生除对矿物标本进行认真仔细观察外，同时还特别要求学生将矿物标本与本教材及相关资料中的常见矿物肉眼鉴定特征和矿物物理性质的描述进行比对，以强化对矿物物理性质的感性认识，并通过对矿物物理性质的感知，达到认识矿物的目的。

同时，学生应懂得识别矿物时，不能单纯依据矿物的某一特征判断矿物种类，需要综合矿物的多种特征，包括矿物产状进行综合判断，因为具有同一特征的矿物可以有多种，如磁铁矿和磁黄铁矿都有磁性，前者为黑色，后者为黄色，将磁性和颜色相结合，就能将二者区分开来。

描述矿物物理性质的一般顺序为：矿物名称→矿物及集合体形态→颜色→光泽→解理状态→硬度→比重→其他特征。学生可通过查阅相关的教科书(如《结晶学与矿物学》)或互联网(如 http://www.mindat.org/)较全面地了解野外常见矿物的物理性质。

2.1.1　矿物形态

矿物形态包括矿物单体、矿物集合体及其他特殊形态三方面。矿物单晶形态可表现为沿一个方向、两个方向、三个方向延伸，形成的对应形态为柱状、针状(一向延伸)，板状、片状(二向延伸)，立方体、八面体(三向延伸)等。矿物集合体形态实际上是同一种矿物的单晶聚合体呈现的形态，常受矿物单晶形态及生长习性的影响。矿物单晶为一向延伸时，其集合体形态常为纤维状、毛发状、放射状、晶簇状，如辉锑矿；矿物单晶为二向延伸时，其集合体形态多为叠层状，如云母；矿物单晶为三向延伸的，其集合体形态可为粒状、块状等。矿物集合体受结晶时环境因素的影响可以形成一些特殊形态，如葡萄状、鲕状、豆状、钟乳状等。

2.1.2 矿物的光学性质

矿物的光学性质即矿物对光的吸收、反射、折射以及光在矿物中传播的性质，主要有矿物的颜色、条痕、光泽和透明度。

(1)矿物的颜色

矿物的颜色是鉴定矿物的重要标志之一，也可用于对不同地段的同一类矿物进行区别，因为颜色可为确定矿物形成环境提供一定的依据。有些矿物，特别是金属矿物，常只有一种颜色，如黑钨矿只有黑色；有些矿物，特别是非金属矿物常可有多种颜色，如方解石，可以有白色、红色、黄色、黑色等。因此不能单纯依据颜色确定矿物，而要结合矿物的其他物理特征共同确定矿物。矿物颜色可分为：自色、他色、假色。自色是识别矿物的主要标志，他色、假色是识别矿物的辅助标志。

自色：是矿物本身固有的颜色。一般来说，含铁、锰多的矿物，如黑云母、普通角闪石、普通辉石等，颜色较深，多呈灰绿、褐绿、黑绿或黑色；含硅、铝、钙、钾、钠等成分多的矿物，如石英、长石、方解石等，颜色较浅，多呈白、灰白、淡红、淡黄等颜色。

他色：是矿物混入了某些杂质所引起的，与矿物的本身性质无关。他色不固定，随杂质的不同而异。如纯净的石英晶体是无色透明的，混入杂质就呈紫色、玫瑰色、烟色；萤石有黄、淡紫、玫瑰、绿黑、灰等各种颜色，有时也为无色。由于他色不固定，对鉴定矿物没有很大意义。

假色：是由于矿物内部的裂隙或表面的氧化薄膜对光的折射、散射所引起的，如方解石解理面上常出现的彩虹色，斑铜矿表面常出现斑驳的蓝色和紫色。

通常说的矿物颜色就是指矿物的自色，因此在观察和描述矿物颜色时，应以新鲜干燥矿物为准。当矿物显示混合色时，对矿物颜色描述顺序为主体颜色在后，次要颜色在前，如绿帘石为黄绿色，说明此矿物以绿色为主，黄色为次。

(2)矿物的条痕

条痕即矿物粉末的颜色。通常通过将矿物在白色瓷板上划出线条获得矿物的粉末，然后以线条显示的颜色来确定矿物的条痕。当野外工作缺少白色瓷板时，可以用地质锤将矿物砸成粉末状，将粉末置于白纸上进行条痕的观察。有些矿物的颜色与条痕一致，如自然金的颜色和条痕都是金黄色；而有些矿物的颜色与条痕不相同，如赤铁矿不管外表是暗红色还是铁黑色，它的条痕总是樱红色；黄铁矿为金黄色，其条痕为绿黑色。浅色矿物的条痕通常均显示为相似的白色，因此其条痕对此类矿物的识别意义不大。

(3)矿物的透明度

矿物的透明度即矿物透过光线的程度。矿物透明度受矿物中含杂质组分的种类及含量影响，也受矿物晶体大小或厚度的影响，因此人们设置0.03 mm的标准厚度，以定义矿物的透明度。根据矿物透过光线的程度将矿物的透明度分为透明、半透明、不透明三级。当透明矿物晶体较大时也可能显示为不透明，因此在野外实际工作中如遇粒度较大的矿物，千万不要轻易认为其是不透明矿物。可将其破碎，选择厚度很小的碎片进行观察，以确定其是否透明。判断矿物是否透明的最为有效的方法是将矿物样品进行磨制加工，使其厚度达0.03 mm的标准厚度，在显微镜下进行透明度观察。

- 透明矿物：矿物像玻璃那样能透过光线，如水晶、冰洲石均是透明矿物。

● 半透明矿物：矿物只有在很薄时才能透过少量的光线，如闪锌矿、辰砂等。

● 不透明矿物：矿物不能透过光线，即使矿物晶体薄至纳米级，仍无法透过任何光线，如黄铁矿、磁铁矿等。

(4)矿物的光泽

矿物的光泽是矿物表面反射光的能力，有以下几种类型：

● 金属光泽：对光的反射能力很强，如金、银、黄铁矿、方铅矿、磁铁矿等矿物。

● 半金属光泽：反光较强，但较金属光泽稍弱，类似没有磨光的金属器皿的反光，如辰砂、黑钨矿。

金属光泽和半金属光泽是不透明矿物所特有的。

● 非金属光泽是透明矿物所具有的特征，包括以下多种类型：

金刚光泽：像金刚石一样的光亮，如金刚石、锡石、浅色闪锌矿等。

玻璃光泽：像玻璃一样的反光，如水晶、正长石、冰洲石等。

珍珠光泽：光线在解理面间发生多次折射和内反射，在解理面上所呈现的像珍珠一样的光泽，如云母等。

丝绢光泽：纤维状或细鳞片状矿物，由于光的反射互相干扰，形成丝绢般的光泽，如纤维石膏和绢云母等。

油脂光泽：矿物表面不平，致使光线散射，如石英断口上呈现的光泽。

蜡状光泽：像石蜡表面呈现的光泽，如蛇纹石、滑石等致密块体矿物表面的光泽。

土状光泽：矿物表面暗淡如土，如高岭石等疏松细粒块体矿物表面所呈现的光泽。

从以上列举的光泽类型可以总结出矿物光泽的类型主要根据人们所熟知物品的光泽而定名，据此同学们可以根据实际观察的情况，并结合日常生活中所熟悉的典型物品所反射的光泽进行矿物光泽类型的确定。

需特别注意的是矿物的形态及光学性质是矿物最为敏感的性质，与矿物形成的环境有密切关系。不同地质环境下形成的矿物可以有不同的形态和颜色，如张性断裂中的石英多呈长柱状，而火山岩中的石英多为锥状；在富锰的环境下方解石可以是黑色，而无其他杂质元素环境下，方解石是无色或白色。矿物的这种特性给矿物的鉴定带来一定的不确定性，因此再次强调，在鉴定矿物时一定要综合矿物的多种特性，不能单纯依据一种性质进行鉴定。另外矿物的这种特性也使通过矿物的形态和颜色等特性差异来判断矿物形成的环境成为可能。

2.1.3 矿物的力学性质

矿物力学性质主要指矿物受外力作用(如刻划、摩擦、打击、弯曲)时所显示的特征，也就是矿物受力后的反映，主要需掌握的是矿物的硬度、解理、断口。

(1)矿物的硬度

矿物的硬度是指矿物抵抗刻划、摩擦、压入的能力。在矿物的肉眼鉴定工作中，通常采用摩氏硬度对矿物的硬度进行描述。摩氏硬度计由10种硬度不同的标准矿物组成，其最高级为10，对应的矿物为金刚石，1级为最低级，对应的矿物为滑石，2～9级对应的矿物为：2级——石膏、3级——方解石、4级——萤石、5级——磷灰石、6级——正长石、7级——石英、8级——黄玉、9级——刚玉。

在肉眼鉴定矿物时选择摩氏硬度计中的某一标准矿物对鉴定的矿物进行刻划，如待鉴定的矿物留下划痕，则其硬度低于所选择的标准矿物，否则其硬度大于所选择的标准矿物。当缺少摩氏标准矿物时，可用其他简便工具进行矿物硬度测试，如指甲的硬度为2~2.5，铜钥匙为3，小钢刀为5~5.5，玻璃为6。

在野外工作时可以采用硬度笔对矿物的硬度进行大致确定。

(2)矿物的解理

矿物的解理是矿物被敲打后，沿一定方向易规则破裂的性质。其破裂面称为解理面，解理面一般非常平滑而有光泽。不同矿物或同一矿物的不同方向上，解理发育的程度可不一样(图2-1)，按矿物的解理具有的方向数量定义矿物的解理类型，如矿物只有一个方向的解理，则将之称为发育一组解理(如云母、蛭石)，有两个方向的解理，称之为发育两组解理(如辉石、角闪石)，顺次为三组解理(如方铅矿)、多组解理(如萤石)。对发育有两组以上解理的矿物，应观察解理面间的夹角。相邻两解理面间的夹角亦是鉴定矿物的标志之一，如方铅矿的解理面间的夹角为90°。实验中要注意观察正长石、辉石、角闪石、萤石、方解石解理面间的夹角。

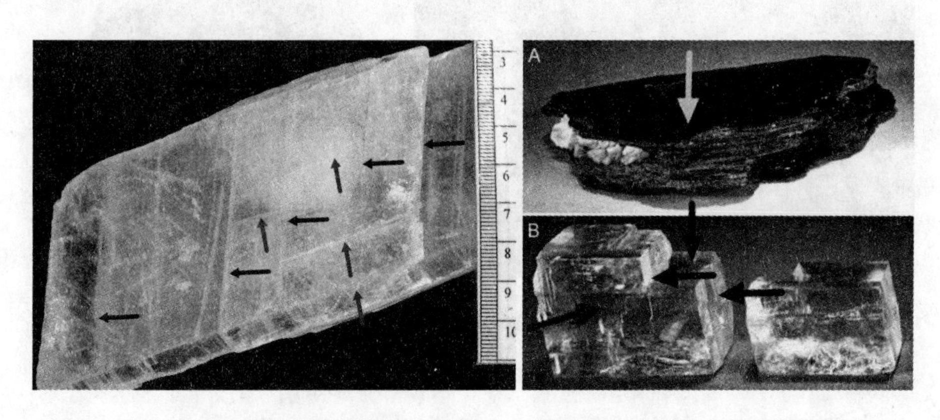

图2-1 矿物的解理面表现为平行面，矿物可有不同方向的数组解理

白色和黑色箭头分别指向不同的解理面

识别矿物的解理是难点，其有效的判别方法是观察待鉴定的矿物是否在某一方向存在多个高度不同，但相互平行的面。如果在垂直解理面的侧面观察到一系列平行的面，而且由一平行面到相邻的平行面，呈阶梯状分布(图2-2)，这种平行面即为解理面，这是肉眼区分解理面与晶面的有效途径。矿物单体的晶面尽管是平直且光滑的，但敲击晶面后，矿物不可能沿晶面方向平直裂开，而是会发生不规则的开裂，并且一个矿物单体某一方向的晶面最多只有两个，缺乏与某一晶面平行的多组平面(图2-3)，其原因是解理受矿物晶格约束，晶格由一系列规则的面组成，矿物解理面实际是接合力较弱的晶格面，某一方向的解理实际是一组相互平行的晶格面。

根据解理的发育程度可分为四级：极完全解理、完全解理、不完全解理、极不完全解理。

- 极完全解理：解理连贯，往往贯穿整个矿物晶体，如云母(图2-4)；
- 完全解理：解理不完全连贯，如长石(图2-5)；
- 不完全解理：解理断断续续，如橄榄石；
- 极不完全解理：基本无解理，如水晶。

图 2-2　方解石中相邻的解理面呈阶梯状分布(箭头指向解理面)

图 2-3　发育平直光滑晶面的石英(左)和黄铁矿(右)

图 2-4　云母的极完全解理，仅用手就可以将其解离为片状

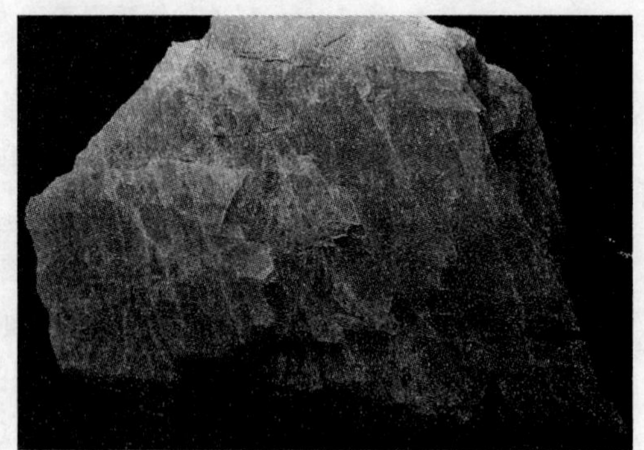

图 2-5　钾长石的完全解理

箭头指向解理面，解理面的连续性明显低于图 2—4 中的云母

在实验过程中请注意观察和比较云母、正长石、方解石、萤石的解理组数及发育程度，尝试划分它们的解理发育程度级别(注意：确定解理组数和解理夹角必须在同一个矿物单体上进行)，同时注意对解理组数描述的量词为“组”，如某矿物有一个方向的解理，对其的描述只能是一“组”解理，不能是一“向”、一“个”、一“片”、一“面”等。

(3) 矿物的断口

矿物的断口即矿物受打击后所产生的不规则的破裂面，按断口面的形状可分为：

贝壳状断口：矿物破裂后具有弯曲的凸面或凹面和同心状构造，很像贝壳，如石英的断口；

土状断口：断口面虽然粗糙，但比较平整，如高岭石的断口；

参差状断口：断口面粗糙极不平整，许多矿物具有此种断口，如电气石；

锯齿状断口：断口突起尖锐，但凹凸幅度近似，形似锯齿，如自然金属矿物的断口。

由于只有较大矿物晶体产生的断口及特征能被人的肉眼识别，而地质工作更多面对的是小晶体矿物，而且断口特征只对少数矿物有识别意义，因此较少采用断口这一特征识别矿物。

2.1.4 其他性质

除上述光学、力学性质外，还存在其他性质可用于矿物的鉴别，如密度、磁性等。矿物的密度变化范围较大，根据矿物密度不同，进行肉眼鉴定时一般把矿物分为三级：轻的，矿物密度小于2.5 g/cm^3；中等的，矿物密度为2.5～4 g/cm^3；重的，指的是密度大于4 g/cm^{3}的矿物。

用肉眼鉴定矿物时对矿物密度的判断更多依赖于鉴定人的感觉，或其对以往矿物密度的记忆大小进行比较。

磁性是某些矿物特有的性质，如磁铁矿、磁黄铁矿能被磁铁吸引，而自然铋会被磁铁矿排斥。在野外，可以借助罗盘对矿物的磁性进行鉴定，将待鉴定的矿物接近罗盘中的指南针，并移动矿物，如果观察到指南针随矿物的移动而移动，则说明该矿物具有磁性。因为矿物的磁性通常较小，因此应选用较大体积的待鉴定矿物进行测试。

知识拓展

由于自然界矿物的生长受其生长环境及其自身物理化学特性的约束，一些矿物经常相伴出现，形成矿物组合。在不同的地质背景下常出现不同的矿物组合，同一地质背景下常有相似的矿物组合。因此，结合其地质背景将极大有助于对矿物的识别。学生们应在掌握观察和识别矿物的同时，注意学习、理解和积累地质背景对矿物共生及特征的影响规律，使观察和识别矿物的能力不断提高。已有教材、专业书籍、网络资源及实验室提供的矿物图像及标本均为其特征表现最为突出的典型代表，在实践中更多地会遇到特征表现不典型的矿物。因此需要更灵活地利用矿物的某一项或几项特征，再结合地质背景、共生组合等要素开展对矿物的肉眼鉴定，并借助现代测试技术对矿物进行更为准确的识别。总之，肉眼识别矿物只是认识矿物的初级阶段，依据矿物特征对矿物进行识别也只是肉眼识别矿物的主要途径，而专业知识及基于地学规律推理能力对矿物的识别有极大帮助，以下几例有助于同学们的理解：

(1) 对矿物进行肉眼观察的前提是矿物体积较大，至少应在常用放大镜下能观察到其颜色、解理等，实际工作中还会遇到粒径更小的矿物，在放大镜下也无法观察到矿物的特征，这种情况下只能借助其他技术手段(如显微镜、电子探针、X 射线衍射仪等)对矿物进行鉴定。也就是说，在野外能用肉眼识别出的矿物是少数，而且主要是常见矿物。

(2) 应选择未风化的样品进行观察。一般采用地质锤敲碎待鉴定样品就能观察到样品的新鲜面，但当样品风化程度高时则无法观察到其新鲜面，可以借助其保留的晶形等进行粗略鉴定。

(3)可根据矿物组合对矿物进行推测鉴定。如闪锌矿常与黄铁矿、方铅矿、石英、方解石共生，如样品中有方铅矿、黄铁矿、石英等，且另一矿物为棕色则可推测其可能为闪锌矿。如样品中有石榴石、绿帘石，则其中的深色、透明的短柱状矿物可能为透辉石，长柱状矿物可能为透闪石。

(4)矿物样品的地质背景可以有效帮助对矿物的鉴定，如样品来自矽卡岩型矿床，则样品中的非金属矿物主要种类不外乎石榴石、透辉石、透闪石、符山石、绿帘石、绿泥石等，一般不会出现橄榄石、水铝石、长石等。如果样品来自非矿化的灰岩地区，则其矿物一般只可能是方解石、白云石、菱铁矿等。

(5)矿物变化规律可以帮助对矿物的鉴定，如长石多变为绢云母、高岭石、斜黝帘石或黝帘石，因此如果样品中有长石，而样品有一定程度的风化，则如果样品中有片状矿物就极有可能是绢云母，有土状光泽的矿物极有可能是高岭石，有柱状或粒状的矿物极有可能是斜黝帘石或黝帘石。

2.2 矿物标本的肉眼观察

1)观察和认识表2-1中所列的常见矿物，并对其物理特征进行描述

表2-1 观察用矿物标本列表

第一组矿物标本				第二组矿物标本			
1	石墨	6	辉锑矿	1	石英	6	角闪石
2	黄铜矿	7	赤铁矿	2	钾长石	7	黑/白云母
3	黄铁矿	8	黑钨矿	3	斜长石	8	方解石
4	方铅矿	9	硬锰矿	4	橄榄石	9	萤石
5	闪锌矿	10	磁铁矿	5	辉石	10	绿泥石

借助放大镜、小刀、磁铁、白瓷板、摩氏硬度计等工具对矿物标本的物理特征进行观察，并理解各种工具与矿物特征的对应关系，如放大镜可以更清晰地观察到矿物的晶形、解理等特征；小刀对矿物的刻划，可以帮助了解矿物的硬度；矿物在白瓷板刻划留下的痕迹颜色就是矿物的条痕。

利用《普通地质学》、《矿物学》教材，根据其对矿物物理特征的描述，观察和比较矿物样品，获得对矿物的颜色、光泽、透明度、硬度、比重、形态、解理、断口等物理性质的直观感受。

总结所观察矿物标本的物理特征，按表2-2格式记录观察结果。并写出矿物的分子式，熟记所观察矿物的主要组成元素。

表2-2 矿物物理性质的观察与描述

样号		矿物名称		化学式		矿物类型	
矿物性质特征观察描述	形态	单晶形态		集合体形态		是否为造岩/矿石矿物	
	描述						
	光学性质	颜色	条痕	光泽	透明度	其他	
	描述						
	力学性质	解理	断口	硬度	密度	其他	
	描述						
	其他						
	矿物组合						

2)提交实验报告

学生在实验课上完成矿物的观察并按下述要求完成实验报告：

(1)基本情况：主要包括实验题目、姓名、专业班级、指导教师、时间。

(2)矿物物理性质的观察过程描述，包括物理性质、观察工具、观察过程的描述。

(3)各矿物的识别结果及依据，采用表2-2所示卡片方式或其他方式表述。

(4)用列表方式列出以下相似矿物的共同点及差异点：

①黄铜矿-黄铁矿；②硬锰矿-赤铁矿；③石墨-黑云母；④磁铁矿-赤铁矿；⑤方铅矿-闪锌矿；⑥萤石-方解石；⑦正长石-斜长石；⑧普通角闪石-普通辉石。

知识拓展

矿物组合：不同矿物彼此相邻组合在一起的现象，分为共生组合和伴生组合。

矿物共生组合：是一地质事件发生过程中形成的有相同成因的不同矿物彼此相邻共生的现象，如花岗岩中的钾长石、斜长石、石英及云母的组合即为矿物共生组合。

矿物伴生组合：非同一地质事件发生过程形成的不同成因矿物彼此相邻的现象，如氧化铜矿石中，黄铜矿、孔雀石和蓝铜矿常彼此相邻，其中黄铜矿是内力地质作用形成的，孔雀石和蓝铜矿是外力地质作用形成的，黄铜矿与孔雀石、蓝铜矿为伴生矿物组合。

矿物的组合具有一定的组合规律，有利于帮助对矿物的识别，如在一个样品中识别方铅矿后，很有可能在该样品中有闪锌矿与之共生。

2.3 岩石标本的肉眼观察及鉴定

正确识别不同类型的岩石是野外工作的重要内容之一，也是开展其他相关工作或研究的基础，以及认知实习顺利完成的基础。要正确认识岩石并确定岩石名称需以对岩石正确的观察与描述作为支撑。各学校一般采用以下程序对学生识别岩石的能力进行训练：首先在室内实验中对学生进行认识岩石标本的训练，然后在认识实习过程中，进行实地认识岩石的训练，同时让学生掌握正确观察岩石和描述其特征的方法。由于岩石种类繁多，特征各异，也存在同岩多貌或貌似岩异的特点，故野外识别岩石的能力需要长期培养，更精细的观察需要在显微镜下进行，这将在以后的专业课程及实习中涉及。

岩石是矿物按一定比例及成因规律组成的矿物集合体，因此岩石的识别和鉴定是通过识别样品中矿物成分，并结合认识岩石的结构及构造进行的。在观察岩石标本时主要观察岩石的颜色、矿物成分、结构构造，在实地露头观察岩石时还需要观察岩石组合和产状。观察岩石标本的常用工具与观察矿物标本的相同。

2.3.1 岩石标本肉眼观察的一般要求

岩石标本的观察实验是野外认识岩石的先导步骤，其目的是让学生掌握观察岩石的基本步骤和观察内容，理解描述岩石特征的专业术语，培养学生对岩石类型的感性认识，实现岩石识别理论与实践的结合。学生需掌握认识岩石的基本方法，获得对岩石的颜色、物质组成、结构构造等特征的感性认识。有限的实验对学生识别岩石能力的提高非常有限，而对岩石的识别是无止境的，学生需在未来的实践中有意识地主动进行岩石特征的观察，才能提高对岩石识别的能力。

观察和认识岩石的基本工具与观察矿物的相同，其中放大镜最为重要，使用频率最高。

观察岩石的主要步骤：获取岩石标本→识别岩石物质组分→观察岩石物质组分的特征→识别岩石的结构和构造→确定岩石类型（给岩石定名）。

要求完成对岩浆岩、沉积岩、变质岩典型标本的观察和识别，描述岩石的特征，也可采用表 2－3 所示卡片方式或其他方式进行岩石特征的表述。

常见岩浆岩的岩石标本：橄榄岩、辉长岩、辉绿岩、玄武岩、闪长岩、闪长玢岩、安山岩、花岗岩、花岗斑岩、流纹岩。

常见沉积岩的岩石标本：砾岩、砂岩、火山角砾岩、凝灰岩、页岩、石灰岩、白云岩、硅质岩等。

常见变质岩的岩石标本：板岩、片麻岩、大理岩、石英岩、矽卡岩、构造角砾岩等。

学生在完成岩石标本观察后，需提交实验报告，其内容可以包括以下部分：

（1）基本情况：主要包括报告题目、姓名、专业班级、指导教师、时间。

（2）各岩石的识别结果及依据，可采用表 2－3 所示卡片方式或其他方式表述。

（3）典型岩石（如花岗岩 vs. 流纹岩；安山岩 vs. 凝灰岩；灰岩 vs. 大理岩；花岗岩 vs. 片麻岩；大理岩 vs. 石英岩等）的比较分析，用列表方式列出其共同点及差异点。

（4）收获、思考和建议。

表 2－3　岩石特征描述表

<table>
<tr><td>标本号</td><td></td><td>岩石名称</td><td colspan="2"></td><td>岩类</td><td></td><td>颜色</td><td></td></tr>
<tr><td colspan="9">岩石特征观察描述</td></tr>
<tr><td>矿物</td><td>含量/%</td><td colspan="2">形态/自形程度</td><td colspan="2">大小/mm</td><td colspan="3">其他</td></tr>
<tr><td></td><td></td><td colspan="2"></td><td colspan="2"></td><td colspan="3"></td></tr>
<tr><td></td><td></td><td colspan="2"></td><td colspan="2"></td><td colspan="3"></td></tr>
<tr><td></td><td></td><td colspan="2"></td><td colspan="2"></td><td colspan="3"></td></tr>
<tr><td></td><td></td><td colspan="2"></td><td colspan="2"></td><td colspan="3"></td></tr>
</table>

续上表

标本号		岩石名称		岩类		颜色	
岩石特征观察描述							
斑晶/碎屑种类							
基质/填隙物							
结构			其他特征				
构造							

2.3.2　岩浆岩的肉眼鉴定与描述

在肉眼鉴定岩浆岩手标本时的观察描述内容包括岩石的颜色、矿物成分、结构和构造及变化，最后予以定名。其具体内容如下：

1)颜色

岩石的颜色是指组成岩石的矿物颜色之总和，当岩石中的矿物种类单一时，岩石的颜色较均一，反映了矿物颜色；当矿物种类多，同时矿物为不同颜色时，岩石的颜色不均匀，此时岩石的颜色是其所有组成矿物颜色汇成的总体颜色，而非某一种或几种矿物的颜色，因此不能以某一种矿物的颜色作为岩石的颜色，如灰白色的岩石，其灰白色是由白色的长石、无色的石英和少量黑色矿物(黑云母、角闪石等)等形成的总体色调。因此，观察颜色时，宜先远观其总体色调，然后用适当颜色形容。岩浆岩的颜色也可根据暗色矿物的百分含量，即“色率”来描述。按色率将岩浆岩划分为：

暗(深)色岩，其色率为60~100，相当于黑色、灰黑色、绿色等，对应的岩石一般为基性岩。

中色岩，色率为30~60，相当于褐灰色、红褐色、灰色等，对应的岩石一般为中性岩。

浅色岩，色率为0~30，相当于白色、灰白色、肉红色等，对应的岩石一般为酸性岩。

反过来，我们亦可根据色率大致推断暗色矿物的百分含量，从而推知岩浆岩所属的大类(酸、中、基性)，这种方法对结晶质，尤其是隐晶质的岩石特别有用。

2)矿物成分

对于显晶质结构的岩石，应观察描述各种矿物的特征，特别是主要矿物的颜色、晶形、大小等特征(注意每种矿物应选择其最主要的特征进行描述)，并目估其含量，观察和描述时尤其要注意以下几方面：

(1)观察有无长石，若有则应鉴定其是碱性长石还是斜长石，并分别目估其含量。

(2)观察有无石英或橄榄石，若有石英，则一般为酸性或中酸性岩；若有橄榄石出现，则为超基性或基性岩，一般这两种矿物不会在同一岩浆岩中出现，但如果有两期岩浆作用叠加，则岩石中可能存在这两种矿物，从岩石构造上应能观察到二者存在先后关系，如石英脉穿插在橄榄岩中。

(3)观察暗色矿物的种类及其特征，并目估其含量，特别注意是否存在辉石、角闪石或黑云母。

对斑状结构或似斑状结构的岩石，应分别描述斑晶和基质的含量，再分别观察和描述斑晶和基质的矿物种类和特点、含量。基质若为隐晶质或玻璃质则可根据色率和斑晶推断其成分，如基质为黑色、深灰色，斑晶为斜长石，则基质可能为辉石或基性玻璃，并为基性岩的基质；基质为紫红色，斑晶为斜长石，则基质成分可能为斜长石或中性玻璃，一般为中性岩的基质；如基质为红色或浅红色、白色，斑晶为石英或长石，则其成分中很可能有石英、长石，多为酸性岩的基质。

对隐晶质或玻璃质岩石，肉眼无法判别其矿物成分，则可不对其进行描述，但需要说明矿物粒径过细，为隐晶质或玻璃质。

在进行岩石识别时，对矿物的描述应着重描述矿物的含量、晶形、结晶程度、大小、排列方式等，不需描述矿物的光学、力学和化学性质特征。

3)结构构造

岩浆岩的结构是岩石中矿物的结晶程度、大小、形态以及不同矿物之间或矿物与玻璃质之间的相互关系。岩浆岩按结晶程度分为结晶质结构和非晶质(玻璃质)结构。按颗粒绝对大小又可分为细粒(0.1 mm ~1 mm)、中粒(1 mm ~5 mm)、粗粒(>5 mm)结构，以及微晶、隐晶等结构。其中特别应注意微晶、隐晶和玻璃质结构的区别。微晶结构表示的是用肉眼(包括放大镜)可看出矿物的颗粒，而隐晶质和玻璃质结构，则用肉眼(包括放大镜)看不出任何矿物颗粒。两者可用岩石断口的特点相区别，岩石为隐晶质结构时，其断口粗糙，呈瓷状断口，为玻璃质结构时，常具贝壳状断口。按岩石组成矿物颗粒的相对大小又可分为等粒、不等粒、斑状和似斑状等结构。按矿物形态可分为自形晶、半自形晶、他形晶结构；按矿物之间或矿物与玻璃质之间的关系可分为辉长结构、间隐结构等。

岩石结构种类繁多，并常与岩石名称间有专属性，或有的岩石采用结构命名，如花岗岩，其结构一定为花岗结构；辉长结构是辉长岩独有的结构。因此，在初始进行结构观察和描述时，应重点注意表达矿物的结晶程度、颗粒的绝对大小和相对大小等特点的结构名称，并在实践中不断积累专属结构名称。

岩石构造：组成岩石的矿物集合体的形状、大小和空间的相互关系及充填方式，或矿物集合体组合的几何学特征。如块状构造表达的是岩石的矿物均呈单体相间均匀分布，没有集合体的特征；流纹状构造表达的是岩石中不同矿物或玻璃质分别构成不规则带状集合体，并相间分布的特征；而杏仁构造表达的是火山熔岩中的气孔中充填浅色矿物集合体的特征。有的岩浆岩的构造也有专属性，如流纹构造是流纹岩的专属构造。

岩浆岩中常见的构造有：块状构造、流纹构造、气孔构造、杏仁构造、斑杂构造、枕状构造、流动构造等。

4)岩浆岩岩石的命名

岩浆岩岩石命名主要根据岩石的矿物成分及结构构造进行，因此岩石名称与其矿物种类、结构、构造要有协调关系，例如岩石如为橄榄岩，则其矿物不可能有石英，岩石如为花岗岩，则其中不可能有橄榄石；如岩石的构造为流纹构造，则岩石不可能为花岗岩；而气孔、杏仁构造也只能存在于火山岩中，基本不可能存在于侵入岩中，所以常见橄榄岩、辉长岩、闪长岩、花岗岩中是不可能存在这类构造的。

岩浆岩的命名一般为“颜色”+“结构”+“(构造)”+“典型矿物”+“基本名称”，如肉红色粗粒黑云母花岗岩。喷出岩有时仅用“(颜色)”+“构造”+“基本名称”命名，如黑色气孔状玄武岩。

更详细的定名，可参照《火成岩岩石分类和命名方案》(GB/T 17412.1—1998)中的规定确定。

2.3.3 沉积岩的肉眼鉴定与描述

根据成岩物质的来源沉积岩可分为陆源沉积岩、内源沉积岩、火山-沉积碎屑岩；根据成岩物质的形成方式可以分为碎屑岩和化学岩。不同类型的沉积岩观察的内容有所不同，描述术语也有较大的差别，但总的要求仍然是需要了解出露岩石处的地质背景、岩石的产状、岩石的颜色、组分、结构构造等。以下分别介绍对碎屑岩和化学岩的鉴定要点及定名原则。更详细的定名原则可参照《沉积岩岩石分类和命名方案》(GB/T 17412.2—1998)确定。

1.碎屑岩的肉眼鉴定与描述

1)颜色

岩石的颜色在一定程度上反映岩石的组分，如石英砂岩由于成分单一，颜色多为浅色；岩屑砂岩则因成分复杂，颜色多为灰绿、灰黑色等，而碳质泥岩因富含碳而显黑色。岩石的颜色还与沉积环境相关，如颜色为红色时，多为氧化环境，颜色为灰色或黑色时，多为还原环境，因此岩石的颜色可为确定岩石种类提供一定帮助。当某一时代地层中的某一岩层的颜色较其他层特别而且醒目时，更应对其颜色进行强调，因为该岩层可能成为某时代地层中的标志岩层。在观察岩石时也应对次生(风化)色进行观察和描述，因为岩石露头可能已暴露在空气中很长时间，所呈现的颜色为风化色，而观察和记录其颜色可以客观表示其目前的特征，便于识别。

2)成分

沉积岩的成分主要有机械成因和化学成因两种。机械成因的物质称为碎屑，可以是矿物碎屑，也可以是岩石碎屑，分布于碎屑岩中。碎屑岩包括碎屑和填隙物两部分。其中机械成因的填隙物称为杂基，化学成因的填隙物称为胶结物。化学成因的物质还可以是矿物，分布于化学岩中。

(1)碎屑：碎屑岩中的碎屑物质包括矿物屑和岩屑两类。常见的矿物屑有石英、长石和白云母等。常见的岩屑为砂岩、粉砂岩、中酸性岩浆岩屑、灰岩屑。在观察鉴定岩石时，要注意观察和确定主要矿物屑和岩屑名称、含量、形态、大小及排列方式等。

(2)填隙物成分：常见的填隙物成分有化学成因的胶结物和机械成因的杂基。胶结物成分主要有钙质、硅质、铁质、泥质四种，其粒度一般很小，肉眼难以区分，因此实践中常以其颜色、硬度等特征对之进行区分，其主要区别见表2-4。杂基是与碎屑同时沉积下来的机械沉积物，只是其粒径通常明显小于碎屑（一般＜0.03 mm），并分布于碎屑之间起填隙作用，其成分可以是矿物屑、岩屑或二者的混合物，其成分可以与碎屑一致，也可有差别。在进行观察时要对杂基的含量进行估计，并观察杂基的组成类型、形态、排列方式等。

表2－4　不同成分胶结物的区别

胶结物成分	颜色	矿物	岩石固结程度	胶结物硬度	加稀盐酸
钙质	灰白	方解石	中等	＜小刀	剧烈起泡
硅质	灰白	石英或玉髓	致密坚硬	＞小刀	无反应
铁质	褐红、褐	赤铁矿、褐铁矿等	致密坚硬	≈小刀	无反应
泥质	灰白	高岭石、绢云母等黏土矿物	松软	＜小刀	无反应

3）结构

碎屑岩结构观察，主要注意观察碎屑物的磨圆度、球度、大小。磨圆度分为棱角状、次棱角状、磨圆状，根据碎屑物大小可按表2－5确定其结构类型。对砾状结构岩石，需直接测量砾石的大小，目估各种粒径砾石的含量，确定其分选性。对具砂状结构的岩石应尽量目估其颗粒大小，同时估计各粒级的百分含量以确定其分选性，用放大镜观察并确定碎屑的磨圆度、球度。对泥质结构的岩石则一般难以目测碎屑或填隙物的形态，可用放大镜观察其粒径大小。沉积岩的结构依据粒径划分见表2－5。

表2－5　沉积岩的结构（依据粒径划分）

<table>
<tr><td rowspan="6">颗粒直径</td><td>>2 mm</td><td>砾状结构</td><td></td><td></td></tr>
<tr><td rowspan="3">0.06～2 mm</td><td rowspan="3">砂状结构</td><td>0.5～2 mm</td><td>粗砂结构</td></tr>
<tr><td>0.25～0.5 mm</td><td>中砂结构</td></tr>
<tr><td>0.06～0.25 mm</td><td>细砂结构</td></tr>
<tr><td>0.004～0.06 mm</td><td>粉砂状结构</td><td></td><td></td></tr>
<tr><td><0.004 mm</td><td>泥质结构</td><td></td><td></td></tr>
</table>

观察沉积物结构时要注意岩石的分选性，目估同一粒级颗粒的含量大于75%时，可认为岩石分选好；含量为75%～50%时为分选中等；小于50%为分选差。

4）构造

沉积岩的构造相对岩浆岩更为复杂，主要包括沉积岩的层理、层面、生物成因、化学成因等构造。

层理构造：是沉积岩最主要的构造，在野外进行沉积岩观察时，要根据沉积物的排列方式确定层理构造类型，如水平层理、平行层理、斜层理、交错层理、递变层理、韵律层理、纹层理、波状层理、压扁层理和透镜状层理、块状层理、卷曲层理等。其中常见的是水平层理、平行层理、斜层理、交错层理、递变层理、韵律层理。在野外对沉积岩的构造进行观察描述时，还要观察和描述层理所处层的岩性，岩层的厚度、层内物质粒度大小及变化，对斜层理、交错层理要注意观察微层与层面交角的大小，为判断岩层层序提供依据，并测量层理的产状。

层面构造：是确定沉积环境非常重要的特征，但并不是所有沉积岩均能观察到层面构造。主要的层面构造包括波痕、雨痕、泥裂、槽模、沟模、刻蚀、冲刷－充填构造、叠覆递变等构造。在野外要注意测量波痕的走向、波高、波幅等参数，对槽模、沟模、刻蚀、冲刷－充填构造等也要测量其走向，并观察其沿走向的深度变化，为判断水流方向提供依据。

生物成因构造：是确定沉积岩的重要构造，包括生物生长及活动产生的各种痕迹，如爬行迹、居住迹、足痕(脚印)、爬痕、虫孔等叠层构造、植物根迹等构造。

5)碎屑岩的命名

碎屑岩主要是根据碎屑粒级确定岩石的基本名称，如砾岩、砂岩、粉砂岩、泥岩等，其粒级由砾岩→砂岩→粉砂岩→泥岩逐渐变小，再根据岩石的颜色和成分(碎屑成分和胶结物成分)予以定名，其命名原则为：颜色＋(胶结物成分)＋(次要碎屑成分)＋主要碎屑成分＋基本名称，如：黄褐色钙质石英粗砂岩、灰色长石石英细砂岩等。

2. 化学岩肉眼鉴定与描述

化学岩(化学沉积岩)多形成于海、湖盆地，或在地下水作用下形成于地下，其成分常较单一，具有晶质、隐晶质结构，鲕状、豆状结构，也可有生物结构、生物碎屑结构等，主要有块状构造、叠层构造等。主要类型有碳酸盐岩、铁质岩、铝质岩、锰质岩、硅质岩、磷质岩、有机质岩、蒸发盐岩。化学岩的观察和描述可借鉴岩浆岩的方法，其成分的观察是对其组成矿物类型及特征进行观察和描述，其结构和构造特征的描述术语也与岩浆岩的相似，如自形晶结构、块状构造等，但也有其特征的描述术语，如泥晶结构、微晶结构、亮晶结构等。有的化学岩也含碎屑成分，此时对其的描述可以借鉴碎屑岩的方法，对碎屑进行描述。化学岩中各种岩石的差别主要为其矿物或化学成分，其结构构造常具有共性特点，以下以最常见碳酸盐岩为例，便于学生对其进行观察和描述。

1)碳酸盐类岩石的颜色

碳酸盐类岩石一般为浅色，且以灰色、灰白色为主，但因混入物成分和含量不同，可呈现不同的颜色。如混入有机质者为深灰色或黑色；混入氢氧化铁者为紫色、褐红色等；混入含铁白云石者呈米黄色或褐色。据此可大致推测其混入物的成分。描述颜色要以其总体色调为准。

2)成分

碳酸盐类岩石的主要矿物成分是方解石或白云石，另可有少量的石英、玉髓、褐铁矿、黏土矿物等，它们可以是碎屑，也可以是胶结物。根据方解石和白云石的含量可将碳酸盐岩划分为灰岩(方解石含量>50%)和白云岩(白云石含量>50%)两大类，有时因含有较多的黏土矿物(含量为25%~50%)，可形成与泥质岩过渡的泥灰岩。

肉眼进行碳酸盐类岩石观察时，如矿物晶体太小而难以识别，可通过观察稀盐酸(5%)与岩石的反应程度进行矿物成分大致估算，或通过染色剂(如茜素红或亚铁氰化钾)确定岩石的成分种类：

(1)加稀盐酸剧烈起泡并嘶嘶作响者，或茜素红染至红色，则主要成分为方解石，应为灰岩；

(2)加稀盐酸微弱起泡或不起泡，不被茜素红染色，但被亚铁氰化钾染至蓝色，则主要为白云石组成，应为白云岩；

(3)加稀盐酸剧烈起泡后，留下泥质物质者，说明其主要成分除方解石外，还含有大量泥质(黏土矿物)成分，应为泥灰岩。

3)结构和构造

灰岩结构类型较复杂，可分为碎屑结构、生物碎屑结构和晶粒结构三类。白云岩一般为晶粒结构，也可见鲕状结构、豆状结构。

晶质结构：可见矿物晶体，按其大小可分为粗晶、中晶、细晶等。

碎屑结构：可见到明显的碎屑颗粒，碎屑可以是矿物单体，也可以是矿物集合体，也可以是生物碎片等。碎屑根据大小可以称为砾屑、砂屑、粉屑、泥屑等，当岩石中发育碎屑时，同样要对碎屑进行类型、含量、形态、大小等特征的描述，并对胶结物进行相同的描述，并确定胶结类型。

如果存在结核或鲕粒，须确定结核的成分，并观察和描述其大小、形态等特征。

生物结构：岩石中出现成分为碳酸盐矿物(或石英、玉髓)集合体的完整生物骨架或碎片，应尽量确定其生物种类，描述其大小、排列方式等。

构造：主要有块状构造、层理构造，另可有缝合线、条带等构造，这类构造可以作为岩石特征。这些岩石构造的更深地质意义可在以后的专业学习和实践中进行了解。

4)定名

碳酸盐岩的基本名称同样在以矿物成分为基本名称的基础上，加上颜色、结构等构成岩石的全称，其次序为颜色→结构→基本名称，如灰色鲕状灰岩、浅灰色细晶灰岩、深灰色细晶白云岩等。

2.3.4 变质岩的肉眼鉴定与描述

(1)变质岩描述的基本次序：变质岩的认识和描述与其他岩石类似，除主要关注岩石的颜色、矿物成分、结构构造外，野外工作时还应特别注意其产状，变质岩特征描述的顺序通常也采用颜色→矿物(组成)成分→结构→构造→岩石定名。

(2)变质岩的矿物观察：一般来说变质岩的主要矿物成分较岩浆岩和沉积岩都更为复杂，有一些岩浆岩和沉积岩中没有或少有的矿物，如蓝晶石、符山石等。变质岩的矿物往往能够反映岩石的变质程度和类型，并可从中获得变质的温度、压力等信息，是确定变质岩类型的主要依据。对变质岩矿物进行观察时需要了解其矿物类型，以及相应含量、形态、大小、相互关系等。

(3)变质岩的结构和构造观察：变质岩的结构构造可以反映变质岩的形成过程、经历的变质作用类型、变质程度等，也可以帮助恢复变质岩的原岩，也是变质岩定名的重要依据。变质岩的原岩可为岩浆岩，或沉积岩，或变质岩。其变质程度可深可浅，变质程度浅时仍可保留其原岩的结构构造，称之为变余结构、变余构造；当变质程度深时，原岩的结构和构造消失殆尽，形成新的结构和构造，可称为变晶结构，变成构造。

对于完全变质的岩石除了变质岩自有的结构外，如交代结构，还通常在岩浆岩、化学沉积岩的结构前或后加上“变”字构成变质岩的结构，如变斑晶结构、片状变晶结构等。构造也是如此，既有变质岩独有的构造，如板状构造、片麻理构造，也可有与岩浆岩、化学沉积岩相同的构造，如块状构造。

当岩石变质程度不深、仍能恢复原岩结构和构造时，在原岩的结构和构造前加上“变余”二字以构成变质岩的结构及构造，如变余砂状结构、变余层理构造等。变余结构和构造是恢复变质岩原岩的重要依据，显然变余砂状结构说明原岩为砂岩。在进行变质岩构造观察时，要注意区分变质作用形成的构造与沉积作用构造、变质分异形成的片理构造造成假层理以及由应变滑劈理或破劈理造成的假斜层理、由压碎作用造成的假碎屑结构、由变质聚结造成的假砾岩等。这些在变质岩中颇为常见，要防止鱼目混珠。

变质岩的构造是确定变质岩类型的重要依据，在实践中对一些岩石可只根据构造确定岩石类型及名称，再进行矿物组分、结构等的观察和描述，如岩石发育片理，就可确定为片岩，再对矿物类型和含量进行观察，如果以石英为主，可定为石英片岩。

由于变质作用强度的差异，在变质岩中可出现不同结构和构造，如变余结构与变晶结构、压碎结构、反应交代结构可存在于同一岩石中，如碎裂白云母变粒岩的结构为鳞片变晶结构、粒状变晶结构、碎裂结构；同一岩石样品中也可出现条带构造、角砾构造。

(4)变质岩的命名：和岩浆岩、沉积岩一样，变质岩的命名有多种方式：①根据结构构造命名：适用于变质程度较浅，原岩特征仍有一定程度保留的情况，如岩石为变余结构或构造，则岩石名称为“变质”+“原岩名称”，如变质砂岩、变质枕状玄武岩。②根据矿物种类命名：适用于变质程度深、原岩特征已消失殆尽的情况，岩石名称为“次要矿物”+“主要矿物”+“基本名称”，含量多的矿物离基本名称近，如十字石榴二云母片岩，则表明岩石中矿物含量由多到少的排序为：黑、白云母→石榴子石→十字石；另外如果有岩石发育的其他特殊的特征(如构造、粒度和颜色等)，而且这些特征或有利于对岩石的识别，或反映其成因等时也可以参加定名，如灰色粗粒透闪石大理岩、条带状磁铁石英岩等。更详细的定名方式可以按照《变质岩岩石分类和命名方案》(GB/T 17412. 3—1998)进行。实验及实习中要求学生能根据肉眼所观察到的变质岩的特征识别常见的变质岩，并掌握对变质岩的描述方法，能对变质岩进行较为准确的描述。

2.3.5　岩石鉴定知识拓展

(1)岩石的物质组分不是识别岩石的唯一标准

尽管识别岩石的主要依据是岩石的矿物或物质组分，但不同的岩石其矿物或物质组成可不同也可以相同，矿物组合相同的岩石也不一定是同类岩石，如花岗岩中可含石英、长石、黑云母，片麻岩的矿物组合同样是石英、长石、黑云母。因此，需要综合考虑岩石的矿物组合(或物质组成)与结构、构造，需要时还要结合岩石的产状等，最终确定岩石类型。

(2)沉积岩、岩浆岩、变质岩具有各自特征专属体系

沉积岩、岩浆岩、变质岩的特征体系彼此独立，尽管其主体都有物质组成和结构、构造三大类，但描述它们的专业术语差异明显，并不可替代。如沉积岩、岩浆岩和变质岩中均发育较多颗粒状石英且含量相同时，其相应的结构用词有较大的差别，如对沉积岩，称碎屑结构，或根据石英粒径的大小，称为砾状、砂状结构；对岩浆岩称其结构应为粒状结构，或根据石英结晶程度的差异，称之为自形晶、半自形晶、它形晶结构，但对含有同样数量石英的变

质岩，其结构则称之为粒状变晶结构，且这些结构名词不能混用。

总之，自然界岩石种类繁多，特征各异，而尽量多地观察各类岩石样本，理解对不同岩石的定义，才能提高识别岩石的能力。

第3章 野外地质工作基本方法和技能

3.1 常用工具使用方法

地质罗盘、地质锤、放大镜是传统地质工作必不可少的三种工具，现在GPS及照相机也成为常用工具。

3.1.1 地质罗盘的结构及使用

野外工作中，地质罗盘用来测定方位、坡度及地质体产状等。1994年，我国地质矿产部发布了《中华人民共和国地质矿产行业标准——地质罗盘仪通用技术条件》(DZ/T 200139—1994)，规定了地质罗盘的技术要求、检验规则等。虽然地质罗盘有各种不同的品牌和型号，但其结构和使用方法大致相同。

1)地质罗盘的结构

罗盘由上盖、外壳、反光镜、磁针、刻度盘、水准器、磁针制动螺丝、刻度盘校正螺丝等部件(图3-1)组成。磁针的两端分别指向地磁极的南极和北极，指向北的一端称为北针，一般为白色；指向南的一端为南针，一般为黑色。由于磁倾角的缘故，处于北半球的磁针需在南针上缠铜丝，以保证磁针能够处于水平，而处于南半球的磁针需在北针上缠铜丝。

图3-1 地质罗盘的结构

1—上盖；2—磁偏角校正器；3—底座；4—管水准器调节钮；5—磁针制动螺丝；6—圆水准仪；7—磁针；8—短觇标；9—反光镜；10—分划线；11—椭圆孔；12—方位刻度盘；13—测斜刻度盘；14—管水准仪；15—测斜指针；16—长觇标

2)地质罗盘的使用

地质罗盘主要用于测量物体(特别是面状或线状)的方位、倾斜方向、倾斜角度,也包括斜坡的坡角等,并可结合地形图确定执罗盘者或观察对象的相对方向和位置。现在人们已开发出可在手机上运行的罗盘应用软件,其功能与传统地质罗盘相似,但使用方法不同,同时不同软件操作方法不同。以下主要介绍传统地质罗盘的使用。

(1)校准

在使用罗盘前,应对罗盘进行校正,以确保读数的准确性。罗盘磁针指示的是地磁场的磁南极和磁北极,磁极与地球的经线指示的南北方向间存在夹角,这个锐夹角称为磁偏角。如果不进行校准,罗盘指针的指向为地球磁场的南北极,并不是地球的大地平面直角坐标系的南北方向。因此,使用罗盘前,必须进行磁偏角的校正。

不同地区磁偏角的大小和偏向不同。因此每到一个地区使用罗盘时,需要根据当地的磁偏角对罗盘进行校准。一般正规的地形图上会标示图示地区磁偏角的大小和偏向。表3－1列出了我国部分地区的磁偏角,供参考。

表3－1　我国各大中城市的磁偏角(2011年值)

序号	地名	磁偏角(D)	序号	地名	磁偏角(D)
1	齐齐哈尔	9°37′(W)	27	武昌	3°10′(W)
2	哈尔滨	9°40′(W)	28	南昌	3°10′(W)
3	延吉	9°26′(W)	29	沙市	2°54′(W)
4	长春	9°03′(W)	30	台北	3°03′(W)
5	沈阳	7°54′(W)	31	西安	2°19′(W)
6	大连	6°47′(W)	32	福州	3°12′(W)
7	承德	6°14′(W)	33	长沙	2°30′(W)
8	烟台	6°01′(W)	34	赣州	2°37′(W)
9	天津	5°29′(W)	35	兰州	1°22′(W)
10	济南	4°40′(W)	36	厦门	2°27′(W)
11	青岛	5°20′(W)	37	重庆	1°34′(W)
12	保定	5°14′(W)	38	西宁	0°49′(W)
13	大同	4°32′(W)	39	桂林	1°39′(W)
14	徐州	4°41′(W)	40	成都	0°58′(W)
15	太原	4°01′(W)	41	贵阳	1°19′(W)
16	包头	3°49′(W)	42	康定	0°41′(W)
17	北京	5°54′(W)	43	广州	1°38′(W)
18	上海	4°32′(W)	44	昆明	0°46′(W)
19	合肥	4°14′(W)	45	保山	0°41′(W)

续上表

序号	地名	磁偏角(D)	序号	地名	磁偏角(D)
20	杭州	4°24′(W)	46	南宁	1°04′(W)
21	安庆	3°50′(W)	47	海口	1°17′(W)
22	洛阳	3°38′(W)	48	拉萨	0°23′(E)
23	温州	3°56′(W)	49	玉门	0°12′(E)
24	南京	4°48′(W)	50	和田	2°47′(E)
25	信阳	3°35′(W)	51	乌鲁木齐	3°16′(E)
26	汉口	3°10′(W)			

用罗盘附带的平口起子工具对准磁偏角校正器(图3-1：2)的凹槽，转动磁偏角校正器，使方位刻度盘(图3-1：12)发生转动，其转动幅度为磁偏角大小。若磁偏角西偏，使刻度盘逆时针转动，磁偏角东偏，则使刻度盘顺时针转动(图3-2)，偏转角度与磁偏角相同，校准后的指针的读数是地球的大地平面直角坐标系中的方位。

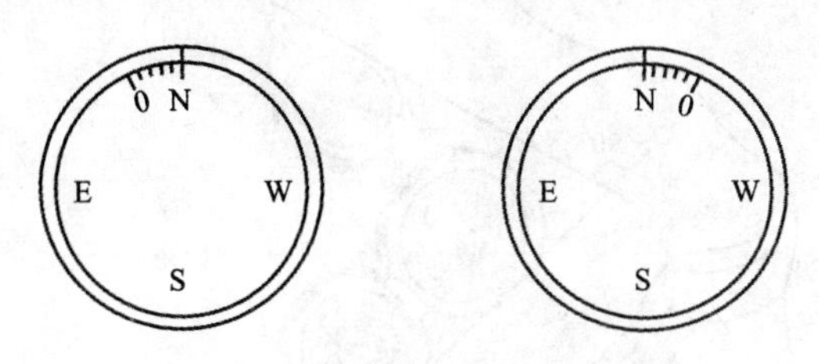

图3-2 地质罗盘的校准示意图

左图为磁偏角西偏5°的校准，右图为磁偏角东偏5°的校准，有刻度的圆为方位刻度盘

(2)测量产状

利用罗盘可以测量岩层、断层、片理面等层状、面状地质体或结构面要素的产状，包括其走向、倾向、倾角。以下以岩层层面产状测量为例说明产状测量的操作，其他面状或层状体产状测量方法与之相同。

走向测量：打开罗盘的上盖到极限位置，将罗盘的一长边靠在岩层面上(图3-3)，通过上下，或左右摆动罗盘来调节罗盘使圆水准仪(图3-1：6)中的气泡居中，此时罗盘中的指南针已处于水平。待磁针停止摆动后，北针或南针所指的刻度盘读数即为岩层的走向。由于走向是岩层层面与水平面的交线在空中的展布方向，其在坐标系中有两个方向，二者相差180°，为方便起见，一般只取岩层的一个走向作为岩层走向，并取0°~90°、270°~360°范围内的读数，如某岩层走向在罗盘刻度盘中读数为175°和355°两个，则应取355°为该岩层的走向。

倾向测量：将罗盘的上盖背面紧靠岩层上层面并与岩层上层面平行，上下或左右摆动罗盘，使圆水准器(图3-1：6)气泡居中，待磁针稳定后，指北针所指刻度即为岩层倾向(图3-3)。或在岩层层面上画一走向线，并在岩层层面上画垂直走向线的垂线，即倾向线，将罗盘的长边平行倾向线，并上下转动罗盘，使圆水准器(图3-1：6)气泡居中，指北针所指刻度数，即为岩层倾向。有时岩层露头处的岩层面太小，罗盘无法放置于岩层面上，可以将硬皮野外记录本或其他有一定硬度的板状体紧贴并平行于岩层面，然后将罗盘置于记录本或板状体面上，量出该面的倾向，也就是岩层的倾向。或将罗盘置于手中，将长觇标与岩层的倾斜方向大致平行，通过指北针获得岩层倾斜的大致方向（东、西、南、北），然后根据走向与倾向的关系，计算获得岩层的倾向。如量得一岩层走向为20°，并向南倾，则岩层的倾向为20°+90°=110°；如果岩层走向为20°，但岩层向北倾斜，则岩层的倾向为20°-90°+360°=290°（规定基于地理方位取值为0°~360°）。

如果岩层的上层面不方便测量，可以测量岩层的下层面，测量下层面时，南针所指的刻度才是岩层倾向。

倾角测量：测量完倾向后，不要移动罗盘上盖的位置，使罗盘的上盖完全打开，把罗盘转90°，使罗盘的长边紧靠岩层面，并平行于倾向线，此时罗盘底面垂直于层面，转动罗盘底面的管状水准器调节钮（图3-1：4），使管水准器中的气泡居中，这时测斜指针（图3-1：15）所指测斜刻度盘（图3-1：13）上的读数即为倾角（图3-3）。

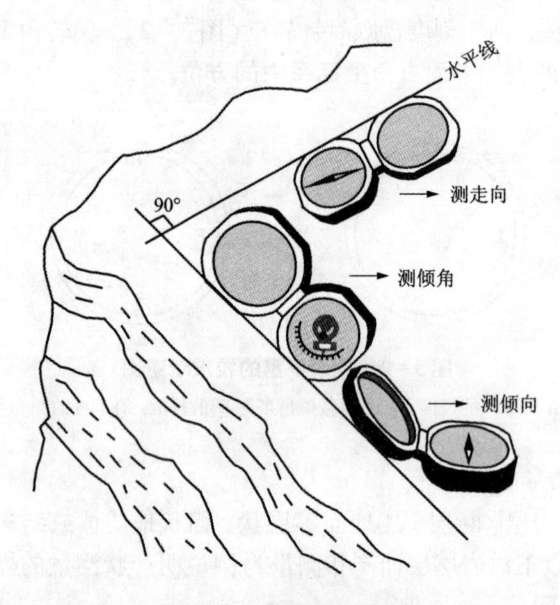

图3-3　岩层产状的测量

（3）测方位

主要介绍罗盘持有者确定其与周围某一物体的空间方向的方法。假设罗盘持有者处于图3-4中的A处，拟确定建筑物B处于罗盘持有者（A）的什么方向，其基本步骤为：打开罗盘盖，放松磁针制动螺丝（图3-1：5），让磁针自由转动。将长觇标（图3-1：16）对准被测物体（图3-4中的B），然后转动反光镜（图3-1：9），使物体及长觇标都映入反光镜。调整罗盘，使被测物体的像与长觇标、反光镜中线在镜中重合（即三点一线），同时使罗盘水平[圆水准仪（图3-1：6）的气泡居中]。通过多次按下、放松磁针制动螺丝使磁针停止摆动。该操作过程需多次实践才能掌握，学生需加强练习。

此时，北针所指刻度盘上的度数，为被测物B相对于A处的方位，即B在A的什么方

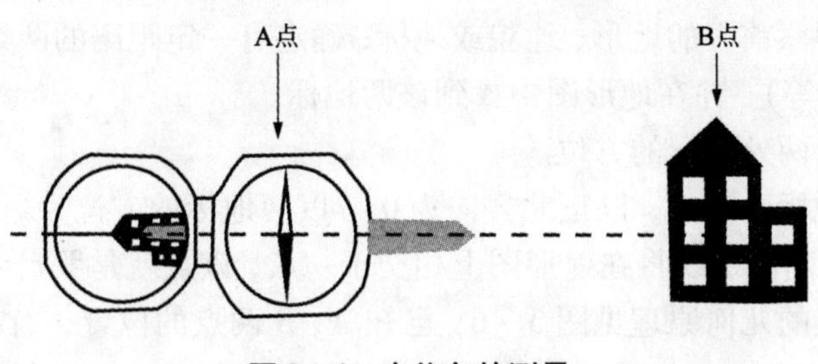

图 3－4　方位角的测量

向；南针所指刻度盘上的度数，为 A 处相对于被测物 B 的方位，即 A 在 B 的什么方向。

(4)测坡角

坡角指斜坡的坡面与水平面的锐夹角。测量坡角时，坡顶、坡底各站一人(最好两者身高相近)(图 3－5)，或者立一与测量者等高的标杆。使罗盘的长觇标(图 3－1：16)、底座、上盖构成三角形。眼睛透过长觇标(图 3－1：16)上的孔、上盖的椭圆孔(图 3－1：11)，找到坡顶或坡底的另一人或者标杆上与测量者眼睛等高的位置。此时，在罗盘上盖的反光镜中可以看见罗盘方位刻度盘(图 3－1：12)的图像，调节管水准仪(图 3－1：14)使气泡居中，这时测斜刻度盘(图 3－1：13)上的游标所指的读数即为坡角。

图 3－5　坡角的测量

(5)后方交汇法定点

定点是野外地质工作中最基本的内容之一，地质工作者将野外实地观察到的地质体或地质现象出露地点标记在地形图上的过程称之为定点。

目前人们多采用 GPS 测量地质体或地质现象出露点的坐标值，根据地形图的坐标而确定点。但当环境中树木茂密时 GPS 难以获得准确坐标值，或其他原因不能获得坐标值时，后方交汇法定点可以提供一定的帮助。

后方交汇法定点是根据罗盘持有者选择其前方两个点而确定自己所处位置，其过程为：

①首先要求将地形图的北方(地形图的方向是上北下南，左西右东)与地球的北方保持一致。该过程为：罗盘持有者水平转动罗盘，使指北针指向罗盘刻度盘的 0°；转动地形图，使

地形图东或西侧的边框直线与指北针平行，此时地形图的正北指向与地球的北方一致。

②然后操作者观察前方的地形、地貌或地标，确定有一定距离的两处地标（如山尖、河流交汇点、公路交汇点等），并在地形图中找到该两地标。

③利用罗盘测定两处地标的方位。

④分别以两处地标为圆心，以正北方向为0°，以两地标的方位为角度，用量角器画两个角，该两角非正北方向的延线将在地形图上相交于一点，该点就是罗盘持有者所处位置。

后方交汇法定点的几何原理见图3－6，已知A、B两点的位置，确定C点的位置。用罗盘分别测量出C点相对于A点和B点的方位。然后分别以A、B两点为坐标原点建立坐标系，分别画出C点的方位，这两个方位线的交点即为C点（如图3－6所示）。

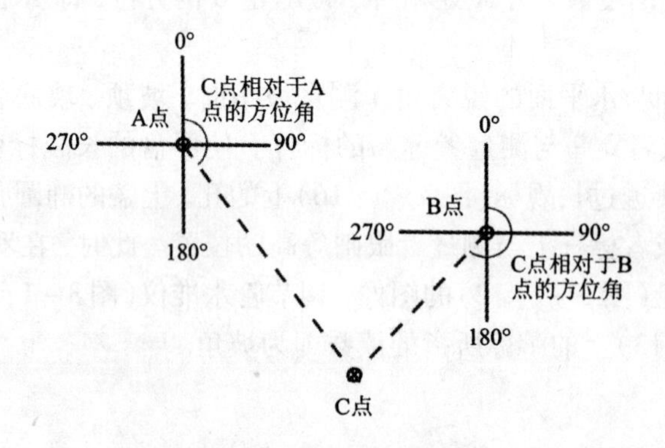

图3－6　后方交汇法定点

如果仅已知A点，想要确定C点的位置，就需测量C点相对于A点的方位并估算A、C两点间的距离，以A点为起点，沿C点相对于A点的方位线在地形图上按比例尺画长度为A、C两点距离的线，线的终点处即为C点位置（如图3－7所示），该方法称为单点定位法。

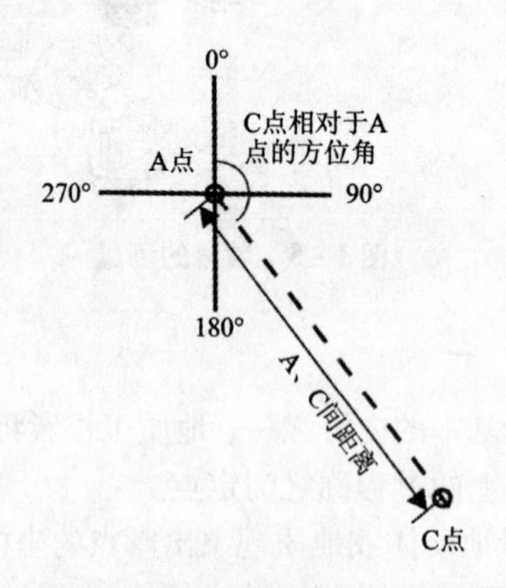

图3－7　单点定位法的几何原理示意图

3.1.2 常用卫星定位系统及定位设备使用

1)常用卫星定位系统

在我国,常用的卫星定位系统为 GPS 和北斗卫星导航系统。

(1)GPS

GPS(Global Positioning System)是以全球 24 颗定位人造卫星为基础,向全球各地全天候地提供三维位置、三维速度等信息的一种无线电导航定位系统。它由三部分构成,一是地面控制部分,由主控站、地面天线、监测站及通信辅助系统组成;二是空间部分,由 24 颗卫星组成,分布在 6 个轨道平面;三是用户装置部分,由 GPS 接收机和卫星天线组成。民用 GPS 的定位精度可达 10 m 内。

GPS 定位按定位方式可分为单点定位和相对定位(差分定位)。单点定位就是根据一台接收机的观测数据来确定接收机位置的方式,条件良好的情况下其精度可达 10 m 内。野外地质工作中,我们手持的 GPS 一般为单点定位。相对定位(差分定位)是根据两台以上接收机的观测数据来确定观测点之间的相对位置的方法,其精度可达厘米级,大地测量或工程测量及精度要求较高的地质测量均应采用相对定位。

(2)北斗卫星导航系统

北斗卫星导航系统(Beidou Navigation Satellite System)是中国自行研制的全球卫星定位与通信系统,是继美国全球定位系统(GPS)和俄国 GLONASS 之后第三个成熟的卫星导航系统。北斗卫星导航系统建设目标是建成独立自主、开放兼容、技术先进、稳定可靠、覆盖全球的导航系统。但目前北斗导航业务还只正式对亚太地区提供无源定位、导航、授时服务,民用服务与 GPS 一样免费。理想状态下,定位精度 10 m,测速精度 0.2 m/s,授时精度 10 ns。

北斗卫星导航系统由空间端、地面端和用户端三部分组成。空间端包括 5 颗静止轨道卫星和 30 颗非静止轨道卫星。地面端包括主控站、注入站和监测站等若干个地面站。用户端由北斗用户终端以及与美国 GPS、俄罗斯“格洛纳斯”(GLONASS)、欧盟“伽利略”(GALILEO)等其他卫星导航系统兼容的终端组成。

北斗卫星导航系统采用的坐标系是 2000 中国大地坐标系(China Geodetic Coordinate System 2000,简称 CGCS2000),时间系统是北斗时(BeiDou Time,简称 BDT),其秒长取为国际单位制 SI 秒。

2)手持 GPS 使用注意事项

不同型号的手持 GPS 功能各不相同,但一般均具有测量功能(包括测定经纬度、平面直角坐标、高程、航速等)、记录功能(记录航点、航迹等)、导航功能等。不同型号的手持 GPS 使用方法互有差异,实际操作时可根据其操作说明进行。在此仅提出使用过程中均应注意的关键点,希望同学们形成正确使用手持 GPS 的操作习惯,以获得准确的数据。

(1)相关要素的设定。使用前,必须首先设定 GPS 的坐标系统。如果是经纬度,则其坐标系统为 WGS84;如果是平面直角坐标,常用的坐标系统有北京 54、西安 80 等。在设定平面直角坐标时,中央经线、dx、dy、dz 等参数必须准确设定。一般的,中央经线、dx、dy、dz 等参数在不同的地方,不同的投影系是不同的,其有效范围为 50 km×50 km。可以通过以下途径获得这些参数值:①通过已知测量点坐标,求这些参数,即在已知测量点上用 GPS 获取 WGS84 经纬度坐标,然后采用相关软件(如 MapGis)转换为与已知测量点相同坐标系的直角坐标(转换时，dx、dy、dz 设为0)，最后将转换坐标与已知测量点的坐标进行比较，其差值就是对应的 dx、dy、dz 参数；②询问在当地工作的测量人员获得参数。需要注意的是，获取到 dx、dy、dz 等参数后，要进行实地验证。可在地形地质图上选取两到三个典型点(如山顶、建筑物)，携带 GPS(设置好获取到的 dx、dy、dz)到相应实地点测量，验证 GPS 读数是否与地形地质图上相应点一致。如果不一致，要分析查找是 dx、dy、dz 等参数错误，还是地形地质图本身存在错误。另外，设置坐标系统时，手持 GPS 中的 dA、dF 参数一般情况下采用系统默认即可。

(2)搜索到的卫星数量越多定位越精确。使用时，手持 GPS 的坐标读数开始时变动幅度较大，因此要等待一段时间(一般为几分钟)，直到 GPS 读数稳定。有的手持 GPS 具有"平均读数"功能，使用时也一定要多采集几次平均读数，等平均读数稳定即可。

(3)带足备用电池。一般 GPS 的续航功能不足，应带足备用电池。

(4)养成不但在 GPS 上定点并记录，也要在纸上记录的好习惯。因为野外环境恶劣，GPS 可能会突然停止工作(如 GPS 掉进水中)，GPS 内存储的数据可能会丢失。因此，一定要同时在野外记录本等纸质介质上记录。

3.1.3 野外采集地质标本的基本方法

1)地质标本采集的基本依据

地质工作包括野外调查和室内研究两部分，采集各种标本是野外地质工作的重要环节。标本的采集需根据工作的目的而确定在何种地质体、在何处采集，以及采集何种类型标本、标本的数量或质量。测量地层剖面时，要求按地层分层逐层采集岩石标本。

根据采集目的的不同将标本分为不同类型，主要标本类型有：地层标本、古生物化石标本、岩石薄片标本、矿石光片标本、岩石化学分析样品、人工重砂样品、同位素年龄样品、古地磁样品等。对不同类型标本有不同的大小、质量等要求，如化石标本采集时应尽可能地沿层理面轻轻敲打和剥离，因为古生物死亡后一般沿层理面保存，尤其是地层顶、底面位置往往是化石保存最多的地方，需特别注意。采集时应尽可能选择完整的标本，尽可能多采，因为单一化石有时在确定地层年代时精度不够，更多的化石种类可以为确定地层时代及古生态环境等提供多方面参考。

由于分析测试种类繁多，如岩石地球化学分析就有主量元素、微量元素、稀土元素、多种同位素等，每一类项目对样品有不同的要求，学生可在高年级学习及以后的生产、研究实践中逐步了解。

标本的采集为下一步各种室内工作提供了重要的基础，是研究的资料和论证的依据，因此地质标本的采集工作必须按照要求进行，主要遵循以下原则：

(1)用于室内鉴定分析的标本，强调采集标本的代表性，必须是从新鲜的、未风化的地质体上敲打下来的，有特殊要求的除外。这是因为出露的岩石很易受到外环境的作用、影响，很多矿物和结构构造都遭受不同程度的变化，难以代表其原始特征。

(2)对于在野外发现的、重要的、经典的或珍贵的地质现象和地质作用的产物作标本，采集作业时则要求完整性。

(3)保证标本空间位置的准确性。因为地质体的空间分布极不均匀，变化频繁，因此无特殊原因标本需采自岩石的原始露头，并准确记录标品采集的空间位置。

对野外实习而言，一般要求学生采集用于识别岩性的岩石标本，因此对观察过程中所遇到的不同岩性岩石都要采集岩石标本，以便在室内观察、分析、定名等。

岩石标本的大小根据室内进行分析的项目而定。如进行肉眼观察的标本以可以全面反映岩石三度空间特征为准；如进行薄片或光片磨制，拟在显微镜下观察的样品，以最终样品可磨制成3 cm×2 cm×0.3 mm的尺寸为基本依据，则最小体积为4 cm×3 cm×1 cm即可。如要选择岩石中某一矿物进行分析时，以满足分析要求为原则。如选择花岗岩中的锆石进行U－Pb同位素定年分析时，以最终能从所采样品中选出100颗以上锆石为原则。不同地区、时代、岩性的花岗岩中锆石含量是不同的，因此优先保证采集的标本数量、单个样品的体积大小及质量能达到工作目的，但是也存在一定的风险性，样品采集量太少时，可能达不到目的，样品采集量太多则会增加人力、运力成本。

2）地质标本的采集

一般使用地质锤采集标本，有些情况下则必须借助于钢钎，甚至便携式切割机。标本的采集一定要选择合适的打击面，否则不但敲打不下标本，还容易使标本遭受破坏。沿岩石裂隙处往往更易将标本采集下来。

同一层位岩石、同一岩体或同一地质体在不同部位其矿物组成和结构构造上或多或少存在一些差异，因此必须选择最能代表岩石整体特征的部位采样。用于地球化学分析，其新鲜程度要求更高，同时应选择组分较为均匀的样品，特别要注意避开后期地质作用叠加的岩石，如方解石脉、石英脉。

另外，无论是观赏性标本还是分析测试标本，采集前均应对其产出状态、产出层位及其他地质特征进行描述和记录，并进行照相或素描，以免采集过程中因遭到破坏而使有些现象无法恢复。

标本采集后需马上进行编号，并在野外记录本上记下标本的编号、位置及野外的岩石定名。用记号笔在标本上写上编号，在装样品的样品袋的两面也用记号笔写上编号。同时还要用铅笔在样品采集单上写上编号，并将其折叠成小条，放于样品袋内，保证标本和标本采集单不分离。

标本的编号以能够充分显示标本的类型、采样位置为原则。要注意编号不能重复，编号常常按地名拼音的首字母开头后跟标本顺序号来编号，也有人用日期后跟标本顺序号来编号。不管哪一种编号方式，标本上的编号均应在野外记录本上作相应的记录。

标本采回后，需在室内进行整理及标本登记，登记内容包括：岩石名称、用途、采集位置、时代（地层时代）、采集时间、采集者。然后，把标本包好、装箱。标本的包装应以保证标本完好无损为前提。

3.2　认识地形图

地形图是将地形、地物按一定的比例、规定的方法投影到平面上，以此反映地形起伏变化的图件。地形图是重要的国家机密文件，必须按照国家相关法律法规使用和保存。

一幅完整的地形图，包括等高线、坐标网、地物、地名、图名、比例尺、图幅位置、磁偏角、采用的坐标系、高程系、图例、责任表、绘图时间、保密等级等要素（图3－8）。

等高线是地形图中最为重要的组成部分之一，用来表示地形的起伏。同一条等高线表示

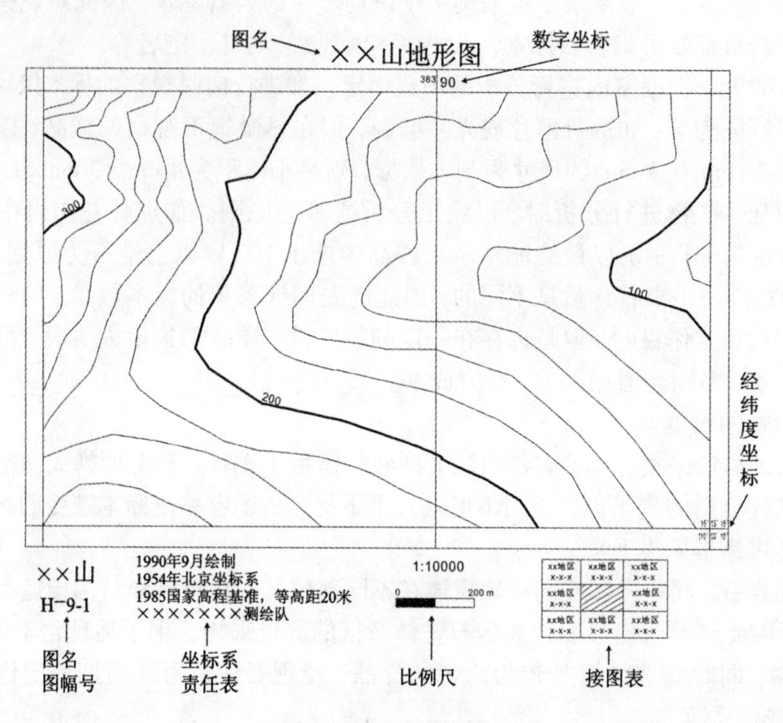

图 3-8　地形图实例

的海拔高度相同，相邻两条等高线之间的等高距是相同的。除悬崖、陡坎、峭壁等外，不同的等高线不能相交、不能合并。等高线除了表示地形的起伏外，根据其样式可以识别典型地形(图 3-9)：

山峰：等高线为一组近似同心状的闭合曲线，且从里向外，高程递减。

洼地：等高线亦为一组近似同心状的闭合曲线，且从里向外，高程递增。

山脊：等高线向高程低的方向凸出。

山谷：等高线向高程高的方向凸出。

坡度的陡与缓：等高线越密，坡度越陡；等高线越疏，坡度越缓。

坐标网是地形图中另一非常重要的部分。一般的地形图的坐标网会同时标注经纬网和平面直角坐标网(即公里网)。平面直角坐标网横坐标的前两位是带号，后六位是坐标值。如某地形图上标注的横坐标为20345678，则表示其带号为20，坐标值为345678。关于平面直角坐标可查阅测量学的相关内容。

地标要素也是认识地形图的重要方面，可以根据图例而认识。

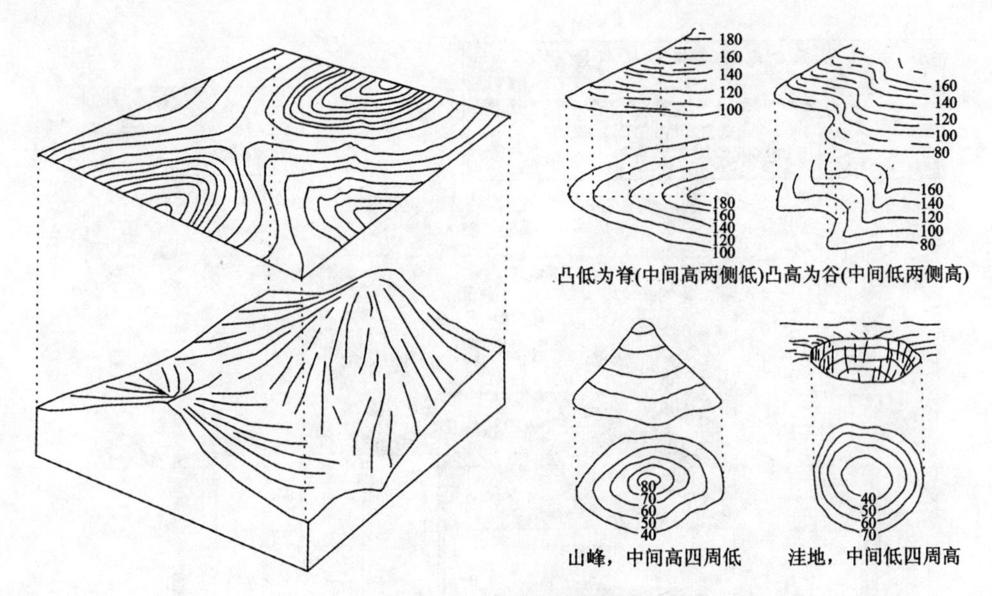

图3-9 典型地形的判别

3.3 认识地质图

地质图是用规定的符号、颜色、花纹将实际地质内容按比例投影到地形图形成的图件。一幅完整的地质图由平面地质图、综合地层柱状图和剖面图三部分组成。在一般情况下，综合地层柱状图位于地质图左边，剖面图位于地质图下边，而图例位于地质图右边。此外，地质图还包括地形图中的主要组成部分，如坐标网、地物、地名、图名、比例尺、图幅位置、磁偏角、采用的坐标系、高程系、图例、责任表、绘图时间、保密等级等(图3-10)。

地质图图例的排列顺序是：从上到下(或从左到右)先地层(由新到老)，再岩浆岩(由新到老、由酸性到基性)、再变质岩，最后为构造符号。

读地质图应是先图外，后图内；先地形，后地质；先整体，后局部；先略读，后详读。

(1)读图名、比例尺，了解图的地理位置，图的类型。

(2)读图例，了解图内地层、岩石、构造发育情况。

(3)读地形等高线，了解图内地形地势，帮助认识地层、岩石、地貌与构造之间的关系。

(4)概读地质内容，了解图内地层、岩石分布、构造特征。

(5)重点详读，对重点相关地区，进行有针对性详读，并做适当记录。

(6)边读边对照，即在读地质图时，要对照综合地层柱状图、剖面图和图例，这样才能加深理解。

在认识实习阶段，只要求学生能了解地质图的基本组成，根据图例能够识别出地质图中不同时代的地层、岩浆岩、断层，更多的内容可在以后的专业课程学习中进行了解和识别。

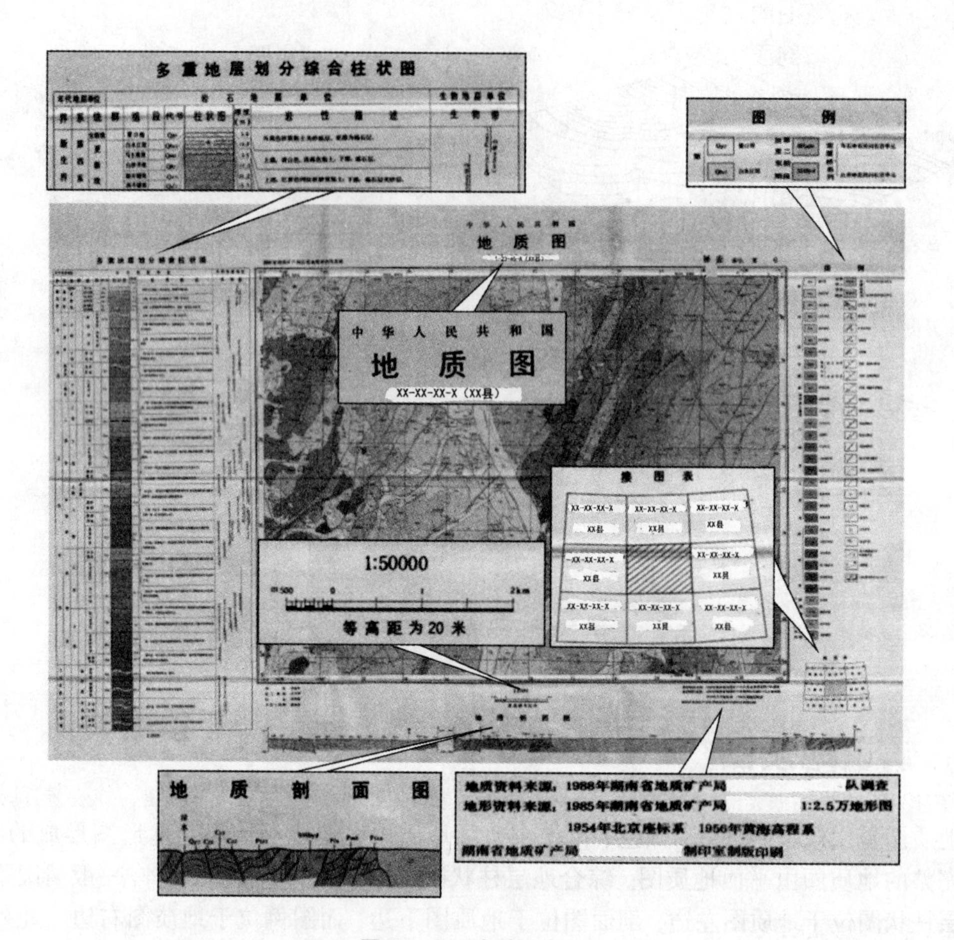

图3-10 地质图实例

3.4 地质剖面图的绘制

地质图反映的是平面上地质体、地质现象、地质体接触关系，而剖面图是形象呈现地下一定距离内的地质体、地质现象、地质体接触关系。绘制剖面图是重要的基础地质工作，主要通过展示地质体如岩体、不同时代或岩性地层、各类构造等在垂向上的展布特点和各地质体间的空间位置及穿插关系，以了解工作区内各地质体的类型及垂向接触关系，并反演地壳运动的演化。根据测制方法的不同，地质剖面图分为三类：图切剖面图、信手剖面图、实测剖面图，前者从平面地质图上切绘，而后两者在野外测制，下面主要介绍绘制图切剖面图及实测剖面图的步骤及要求。

1）图切地质剖面图的绘制

图切地质剖面图需要一张平面地形地质图。一般情况下图切地质剖面图的比例尺与平面地形地质图的一致，垂直比例尺和水平比例尺如无特殊要求也应一致。当不一致时要分别注明其比例尺。以下以比例一致的情况为例简述图切地质剖面图的绘制。

(1)确定剖面图的比例尺及相关图例。

(2)确定图切剖面图的基线。

首先在平面地形地质图上确定图切地质剖面图的剖面基线，其原则是尽量使基线垂直地层或构造线走向，并穿切尽可能多的地层或地质体(图3－11)。

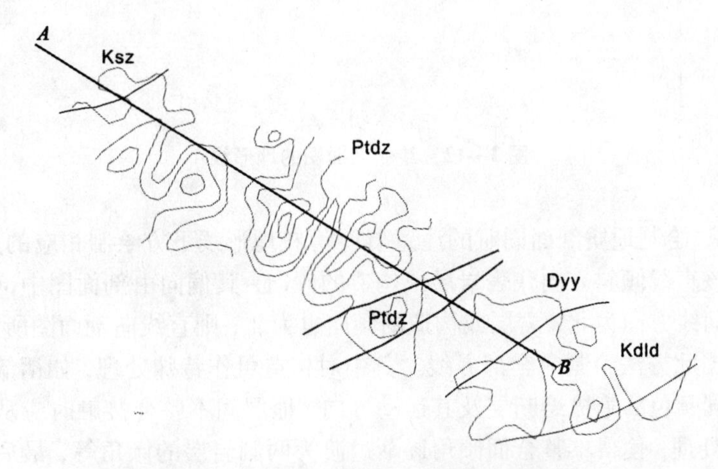

图3－11 在地形地质图上确定剖面基线 *AB*

(3)绘制剖面图的地形线。

在拟作图切地质剖面图的图纸底部作一长度与 *AB* 线相等的水平基线，并在该基线两端标注 *A*、*B*。在平面地质图上找出 *AB* 线穿切的最低海拔高度，并在此基础上下降若干高差(其值通常为等高距的整数倍)，以该值作为地形剖面图的水平基线的海拔高度。该水平基线左侧的端点作为水平基线的起始点 *A*，由起始点作水平基线的垂线为纵坐标，表示为海拔高度，并在其上端用箭头表示剖面的方位，在箭头旁用文字标示剖面的方位角。水平基线表示为水平距离。这种纵坐标为海拔高度、横坐标为水平距离的二维剖面，即地质剖面图的框架。

利用坐标纸和直尺，在地质平面图上确定 *AB* 线穿切等高线的全部交点，从 *AB* 线的起始端点 *A*，沿 *AB* 线量出全部交点距起点 *A* 的水平距离，并依次记录每一交点处等高线的海拔高度；根据全部交点距起点 *A* 的水平距离和相应的高程数据，从起始端点沿水平基线依次绘出一系列的点，将所有点连成一条圆滑的连续曲线，该曲线即为地形线。

地形线绘制的另一种方法是将平面地形地质图上的 *AB* 线与地形等高线交点依次投影到剖面图的水平基线上，再依次以投影点为起点，以其对应的海拔高度作长度绘制垂直于水平基线的垂线端点，将所有端点连成一条圆滑的连续曲线即得地形线(图3－12)。

在对应处标示主要的地物名称，如所经过的主要村庄、河流、山峰等。

(4)绘制地质剖面图。

该过程中最重要的部分是在地形剖面图中绘制平面地质图中的 *AB* 基线穿切的所有地质体的界线，即将平面地形地质图上 *AB* 基线与所穿切的每一地质体界线的交点(如地/岩层、构造、接触带等界线)逐一投影到地形剖面图的地形线上，形成地质界线在剖面图上的投影点，即地质界线点；再以地形线上的地质界线点为起点，根据剖面图的方位、岩层或构造的

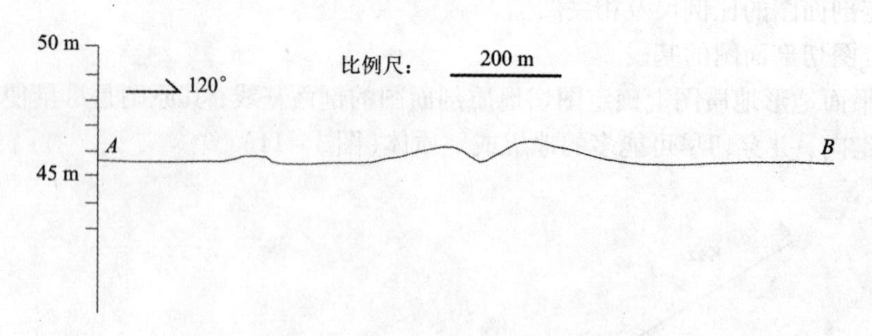

图 3－12　绘制剖面图的地形线

倾向及倾角（详见“绘制地质剖面图时的注意事项”）在地形线下方绘制相应的直线即为岩/地层和构造界线，该直线倾斜方向代表岩层或构造的倾向，其偏向由剖面图中剖面线标示的方向所决定，如剖面线方向为北，岩层或构造的倾向也为北，则直线向剖面图所示的北向倾斜，反之向南倾斜，据此方法绘制完全部界线。其中对构造可作特殊处理，如褶皱转折端应作圆滑处理，使用不同颜色的笔描绘断层及其运动方向，地层间不整合接触时应从不整合面向两侧逐渐缓和过渡处理，使得不整合面倾角逐渐过渡为两侧岩层的倾角等，最后对不同岩层分别填充岩性花纹、时代符号等。

（5）整理成图（标注和核对剖面方位、比例尺、图名、图例、地层代号、产状、主要村庄、河流与地名等，如图 3－13 所示）。

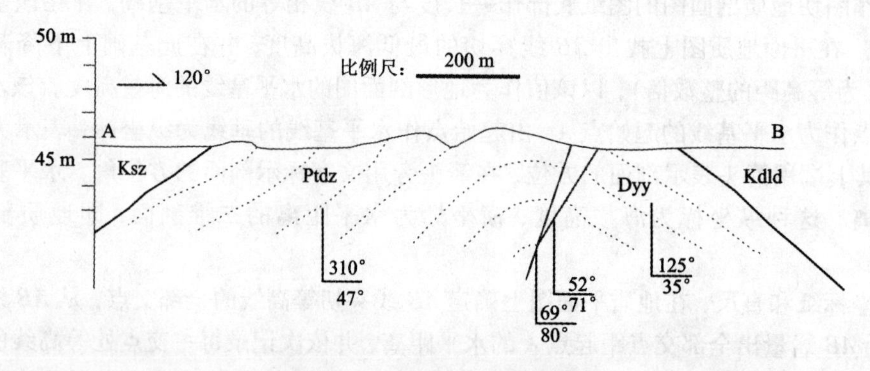

图 3－13　图切地质剖面图示例

注：剖面图中产状的标示方法有两种，一种如本图所示，一般短线上标示倾向，短线下标示倾角；另一种为直接标示为“倾向∠倾角”，如 125°∠35°

2）实测地质剖面图的绘制

实测地质剖面，是地质工作的主要内容之一，主要是通过剖面对地质体的特征及接触关系等进行观察、采样和描述，收集地质体特征数据，并绘制实测地质剖面图。

实测/信手地质剖面图绘制与图切剖面图绘制过程大体相近，主要差别在于后者是在已有的地形地质图基础上进行，并在室内从平面地形地质图上获得绘制数据；实测/路线需在野外进行测量获得作图数据，并在野外对剖面长度限定范围内所见的地质体或界线及地质现象进行特征观察和描述，同时记录和标画出它们在剖面中的位置（其距剖面起点的距离），要求在野外记录本上完成其草图的绘制，然后需回室内根据所获资料及所绘剖面图草图完成剖面图的绘制。

实测地质剖面要求在剖面图中非常准确地对地质体、地质界线或地质现象进行定位，剖面线端点或拐点要求用全站仪进行准确定位，距离数据全部由测绳或皮尺(50 m、100 m)实际量测；信手剖面图精度要求较低，可用GPS或传统定位方法确定剖面端点的位置，以目测方法或手持式激光测距仪确定地质现象距剖面端点的距离。

剖面测量方法分为直线法和导线法。直线法要求剖面方向不变，因此如果剖面较短，地形简单，采用直线法；如剖面较长，且地形变化较复杂，剖面方向需发生变化时采用导线法，并在最终图件上对剖面方向发生变化的地点进行标记。以下简要介绍剖面测量的步骤。

(1)剖面的确定

剖面及方向尽可能垂直区域岩层或构造的走向，并注意尽可能避免或减少剖面方向的变化，剖面通过地段尽可能通视，其起点与终点作为地质点，标定在地形图上。、

(2)测量导线方位、导线斜距及地形坡度角

测量导线就是剖面的基准线，常以测绳或皮尺为标识，尽量保证每一导线尽量放长，减少导线接换次数。首先测定导线方位，导线方位即导线的前进方向，采用方位角记数并记录，在导线起点及终点分别用罗盘进行导线方向测量，两次测量结果误差要求小于3°，并记录其平均值；当剖面需要改变方向时，要重新测定导线方位。

沿剖面方向，根据剖面与地形交线距基准线的垂直距离，绘制剖面地形线，同时以箭头标记剖面方位，箭头指向剖面延伸方向。当地形发生变化时用罗盘测斜仪测量地形坡度，记录发生变化的位置及坡度的变化，以正值表示上坡坡度，负值表示下坡坡度。

(3)地质界线及地质现象在剖面位置的确定

确定剖面基准线后，先对其范围内的地质现象进行概略观察，根据地质体的特征差异大致划分出不同的地质体，确定不同类型地质体的界线，对典型地质现象也作同样处理，确定其界线。

然后由导线起始点开始，对地质体、地质现象及地质界线的特征进行详细观察和描述，准确确定并记录各地质体界线或地质现象距导线起始点的距离，详细记录地质体界线两侧地质体的特征及其接触关系，如对不同时代的地层，可以观察描述其岩性(颜色、矿物成分、结构、构造)、化石种类、产状等。由于地质体的种类繁多，描述内容千差万别，读者可以参照本书中相应章节，学习描述方法。但各地质体界线的产状及距导线起点的距离是必须要获取和记录的数据。

(4)地质内容的草绘

将地质内容绘于剖面图中，在野外完成地质剖面图草图的绘制。

根据剖面的方向、比例尺将地形线草绘于野外记录本中的坐标纸页面上。通常将页面左侧定为剖面的起始点，在页面偏下的位置端沿坐标纸中的横线绘出基线，并从起始点作基线的垂线，其长度大于剖面上最高地形与基线的高差，在垂线的顶端作平行于基线的箭头，箭头指向剖面方向，并在箭头的右侧写下剖面的方位角，形成地质剖面图的框架。

根据各地质体的界线距起始点的距离，按比例尺要求在基线上依次绘制地质体界线的投影点，将该投影点再投影至地形线上(或由基线上的投影点向地形线的垂直方向找到并标记其与地形线的交点)，这些点为地质界线与地形线的交点，根据所记录的地质界线的产状，以

地形线上交点为原点，根据地质体界线的倾向和倾角将界线绘制于剖面图中。

同时在剖面图上根据所采取的岩石样品距起点的距离标记样品采取点，并在各地质界线间标注相应的花纹或代号。

(5)实测地质剖面资料室内资料整理

按表3－2的要求对野外记录进行归纳整理，亦可野外直接在表中填写实测数据，其中视倾角等需要通过计算、查资料填写的项目需回室内时再将其填全。

表3－2　实测剖面数据记录及整理表

1	2	3	4	5	6	7	8	9
导线号	导线长	导线方位	坡角	分层号	分层斜距	产状(倾向∠倾角)	岩性描述	样品、标本记录(编号：位置)
0, 1, …	L	B	β		l	$A\angle\alpha$		

10	11	12	13	14	15
导线方向与岩层倾向夹角	厚度	分层厚度	总方向与导线方位夹角	斜平距	分层平距
$\gamma=A-B$	d		$\varepsilon=B-C$	$L'=L\cos\beta$	$l'=l\cos\beta$

16	17	18	19	20	21	22
视平距	分层视平距	视坡角	高差	累积高差	总方向与倾向夹角	视倾角
$L''=L'\cos\varepsilon$	$l''=l'\cos\varepsilon$	β'	$H=l''\tan\beta'$	$\sum H$	$\varepsilon'=A-C$	α'

分层(两相邻地质体界线间的地质体)斜距是分层在导线上的长度，在同一导线上各分层斜距之和等于该导线的总长度。

导线方向与岩层倾向夹角：$\gamma=A$(倾向)$-B$(导线方位)

厚度d指每一分层“在各导线上”的厚度，其计算公式为：

$$d=l\cdot|\sin\alpha\cos\beta\cos\gamma\pm\sin\beta\cos\alpha| \quad (3-1)$$

式(3－1)中的“±”取值原则：当岩层倾向与地面坡向相反时取“＋”，岩层倾向与地面坡向一致时取“－”，坡角β采用绝对值。

剖面总方向(C)：剖面起始点与终点的连线方位，它与分导线方位(B)夹角的关系：$\varepsilon=B-C$，其计算公式为：

$$\tan\Phi=(L'_1\cos B_1+L'_2\cos B_2+\cdots)/(L'_1\sin B_1+L'_2\sin B_2+\cdots) \quad (3-2)$$

剖面总方向$C=90°-\Phi$

式(3－2)中L'_1指第1导线的斜平距，B_1指第1导线的方位角。

斜平距：导线长度在水平面上的投影长度。

分层斜平距：分层在水平面上的投影长度。

视平距：斜平距垂直投影到剖面总方向(总导线方向)上的长度。

分层视平距：分层斜平距垂直投影到剖面总方向上的长度。

累计视平距为各分层视平距之和，其代表了在总导线方向上的剖面的总长度。

高差(H)：是视高差，是实际高差值投影到总导线上的高差。

累计高差($\sum H$)：为各分层视高差之和。

视倾角(α')：是地质剖面与地质体界面(如岩层层面)交线与水平面间的夹角。视倾角不是真倾角(用罗盘实际测量的倾角)，其值常小于真倾角，这是因为通常地质剖面与地质体或其界线的走向不为垂直关系，而为斜交关系。视倾角根据剖面图的方位、地质体走向和真倾角可通过计算[式(3-3)]获得，也可通过查表(附录2)获得。

$$\tan\alpha' = \tan\alpha \cdot \cos\varepsilon' \tag{3-3}$$

式中：ε'为倾向与剖面总方向的夹角；α为真倾角；α'为视倾角。

(6)实测剖面图的成图

根据前述所获的剖面总方向、各段导线视平距及方位画出导线图，然后按比例，从导线起始点开始，根据各要素的斜平距在导线上添加各地质体的界线点，并将界线点投影至地形线上；再以这些界线投影点为原点，根据计算或查表所获得的地质体或界线视倾角及倾向，用量角器和直尺在地形线的下方绘出直线即可。

在剖面图上还需标注地质体的产状、采样点、地质点号、地质体编号、地层代号、地名地物点(高地、村庄等)，等等。

最后，标注和核对剖面方位、比例尺、图名、图例等。

请老师或同学相互审阅，如无差错，对图进行上色处理，完成地质剖面图的绘制(图3-14)。

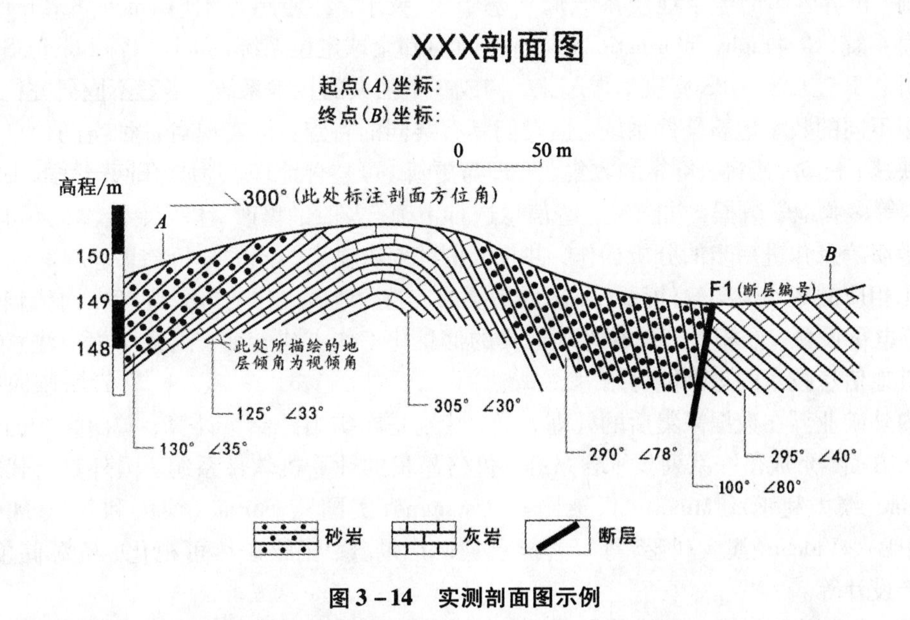

图3-14　实测剖面图示例

3)绘制地质剖面图时的注意事项

(1)剖面图中地层界线的相交关系

当相邻地层呈角度不整合接触时，剖面图上要按不整合面的产状将不整合面绘于剖面图上，两侧的地层按其产状分别绘于不整合面的两侧。

(2)剖面图中褶皱的绘制

在地质剖面图上绘制褶皱时，应先从核部着手，再向外逐渐描绘两翼，根据其核部和平面形态，同时兼顾两翼厚度的协调性与对称性、产状的逐渐变化进行绘制，使剖面图上的褶皱形态尽可能接近实际。

(3)剖面线切过断层

若断层上覆不整合地层时，一般按不整合面—断层面—地质界线的顺序绘制。当剖面线与断层走向斜交时，同样要先把断层面的真倾角换为视倾角后进行断层面绘制。地质剖面图中断层运动方向标注在紧靠断层线的旁侧。

3.5 数字地质简介

传统的地质工作方式耗费人力、物力，难以对大量的地质信息进行有效的管理与分析。比如，传统的地质工作中，在野外要想读出地质图上某点的坐标，需要在纸质的地质图上用尺测量，然后按图的比例尺换算出坐标，不但耗费时间，而且精度不高。

伴随着第五次技术革命的兴起与发展，提出了“数字地质”的概念，地质工作的方式也在悄然改变。“数字化”是数字地质的早期阶段，该阶段的“数字化”仅仅是将地质资料由传统存储媒介(如纸张)存储转换为计算机存储，这并没解决传统的地质工作方式的弊端。现阶段世界上许多的大学、研究所、企业、政府部门正在进行数字地质系统的研究，并已取得了积极的成果，开发了不同的数字地质软件系统。

目前，世界各国的数字地质系统均是基于3S技术，即遥感技术(Remote Sensing，RS)、地理信息系统(Geography Informationsystems，GIS)和全球定位系统(Global Positioning Systems，GPS)，并将RS，GIS，GPS有机集成起来，构成一个强大的技术系统。尽管不同研究机构或公司推出了不同的数字地质软件系统，但它们具有共同的特点：可实现对各种空间信息和地质信息的快速、机动、准确、可靠的收集、处理与更新，可整合地理、地质、地球化学、遥感、物探、化探等多源地学数据，并能对这些信息进行正确、及时的修改、检索、传输，还可以对系统中的地质信息作进一步的分析操作，并按人们的要求输出不同的分析结果。

有了相应的数字地质软件系统和硬件系统的支持，地质工作的方式逐渐在向依赖于计算机、手持电子设备、照相机、录音笔等工具的信息化工作方式转变，因此学生应注意加强计算机等其他信息技术的运用能力培养。

国内外矿业界在数据采集后的处理方面，特别是在矿山的储量计算、矿山生产的三维可视化技术方面，形成了一系列技术含量高、价格昂贵的计算机软件系统。国外具有代表性的有Minmine(澳大利亚)、Minesight(英国)、Datamine(美国)、Surpac(澳大利亚)、Mircomine(澳大利亚)、Vulcan(澳大利亚)等。功能涵盖矿产勘查、三维矿体可视化、资源储量估算、矿山生产设计等。

但是，上述软件仅着眼于地质数据后期处理，并未涉及地质数据的采集。20世纪80年代初至今，发达国家一直在开展地质数据数字采集技术的研究。如，澳大利亚地质局开发了AGSO Field系统，美国地质调查局开发了GSMCAD，加拿大地调局开发了Fieldlog，美国ESRI公司推出了ArcPad。

现在，除我国外，其他国家还没有贯穿整个地质矿产资源调查、生产过程的软件。我国国土资源部地质调查局主持研发了基于MapGIS平台的数字地质调查系统(Digital Geological Survey System, DGSS)，其中包括RGMap(Regional Geological Mapping System，数字地质填图系统，运行界面见图3-15、图3-16)、PEData(Prospecting Engineering Data documentation System，探矿工程数据编录系统)、DGSInfo(Digital Geological Survery Information System，数字地质调查信息综合平台)、REInfo(Reserve Estimate & 3D Modeling Information System，资源储量估算与矿体三维建模信息系统)。DGSS覆盖了矿床预查前(矿调、填图)、预查、普查、详查、勘探和开采的各个阶段，其操作和应用可在高年级的实习或实际工作中学习。

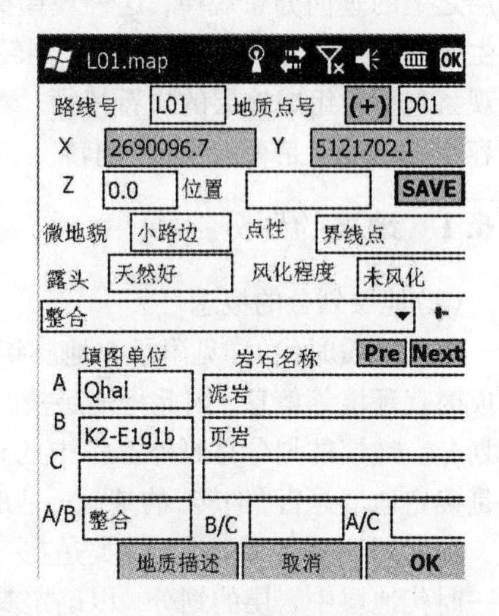

图3-15 掌上机运行RGMap的界面

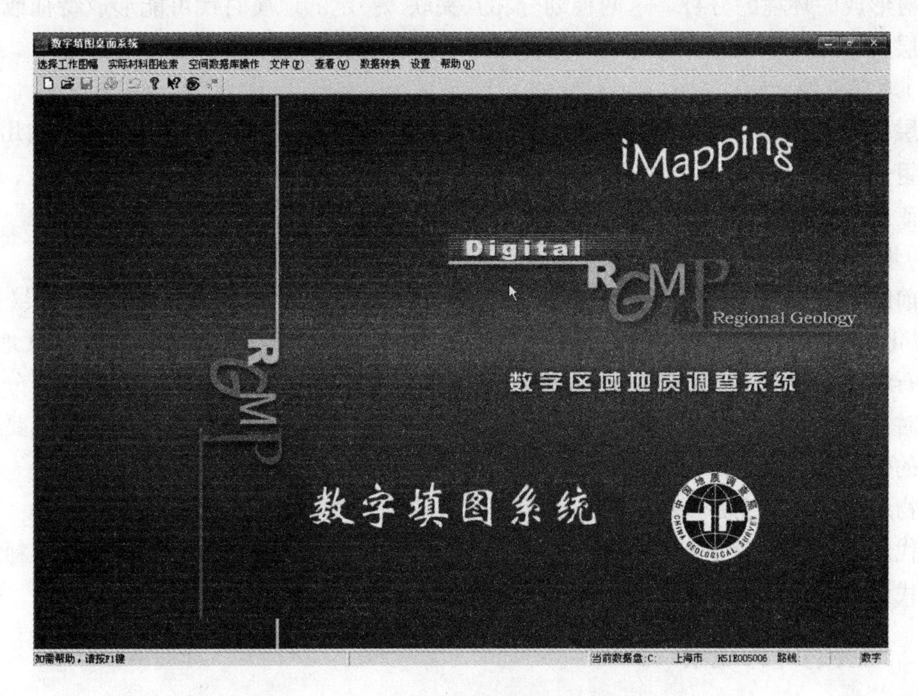

图3-16 PC端数字填图系统界面

3.6 地层的野外观察与描述

地层为一定地质时期内所形成的层状岩石(含沉积物)组合，它主要包括沉积岩或火山沉积岩以及由它们经受一定变质的浅变质岩。地层形成时是近于水平的，且具新地层叠置在老地层之上的垂向分布规律，这种规律称为地层层序律或叠置原理。在应力作用下，地层可以发生倾斜，甚至“倒转”。地层的“倒转”是指老地层叠置在新地层之上的垂向分布。因此地层观察包括对组成地层的岩石特征、岩层间的时间和空间关系、产状等的观察，其中一重要内容是确定地层是否发生过“倒转”。

3.6.1 地层的划分

(1)地层划分的概念

不同地质时代(详见附录5地质年代表)会形成相应的地层，它们具有不同的特征或包含形成时代环境等信息，因此将地层按一定时代或特征使某些部分独立出来的过程称之为地层的划分。地层的划分是野外工作中的重要内容，这是确定工作区地质体格局和演化的基础，也是确定地层是否“倒转”的基础，是地质历史研究的一把重要钥匙。

地层划分主要有两类，一类是在一个地区对不同地质时代形成的地层进行划分，包括对同一时代地层中岩层的划分，以确定其所对应的地质时代或初始形成时的环境，建立与其形成时代相吻合的层序，该类划分的主要依据是根据地层中所含化石种类。另一类是按地层中岩石本身客观存在的特征或属性划分为不同类型的地层，该类划分的主要依据是岩石的自然特征及对形成时环境的分析。这两种划分相互关联，一定的地质时代可能形成特征或属性相似的地层，如石炭系形成的地层往往含有煤层或含炭质岩层，并含有相应的化石。

(2)地层单位

地层单位是依据宏观岩性特征和相对地层位置划分的地层体。它可以是一种或几种岩石类型的组合，但这些岩石应岩性特征整体一致，或虽是复杂多变的岩类与岩性组合，但具有规律性或成因联系。

(3)地层划分的原则

目前的地层单位系统主要有三大类型：以岩性作为主要划分依据的岩石地层(岩性地层)、以化石作为划分依据的生物地层、以形成时间作为划分依据的时间地层或年代地层。

岩石地层划分的主要依据是岩性特征，化石被看成岩石的物质组成部分。在划分岩石地层单位时，不考虑生物地层界线及年代地层界线，但岩石地层单位一旦建立后，就要继续进行详尽的生物地层及年代地层研究，从而弄清岩石地层单位的时空分布特征。

生物地层划分的主要依据是区别于相邻地层的化石类型、分布、化石特征。

年代地层划分的主要依据是地层形成的时代，并与地质年代相对应，目的是解释地层形成的年代序列关系，将地层精确地确定到阶，按界、系、统、阶等级划分地层。

3.6.2 地层的野外观察

因为前人对实习区已开展过1:5万区域地质调查工作，已确定长沙地区出露的地层主要为元古代的板溪群、古生代泥盆系、中生代白垩系、新生代古近系及第四系。受城市建设的影响，现出露的地层中化石分布很稀少，因此实习时主要使用岩石地层单位进行地层划分。要求在地层出露较好的地段，选择一段进行岩石地层单位的认识与划分，如梅溪湖一带的元古界板溪群中的紫红色砂岩与白色石英砂岩、岳麓山后山泥盆系中的厚层泥岩与薄层砂岩－页岩、湘江中路的白垩系砾岩与砂岩等。

对岩石地层单位进行野外观察时，应注意观察工作区地层的总体特征，地层单位与相邻地层或其他地质体的关系，地层单位的厚度、空间位置等变化，其组成岩石类型、厚度、产状及其他岩石学特征，岩层间的接触关系，地层内出露的生物化石形态、种类及埋藏位置等。在描述地层单位时应注意按从下到上的次序(编号由小到大)进行描述，重点描述某一岩石地层中的主要岩石类型，简要描述各岩石类型的特征，包括物质组成、结构构造，层面构造、层理构造，描述化石类型及分布特点，岩石地层单位与相邻地层单位的接触关系等，图3－17是一实例，可供认知实习对地层观察和描述的参考。

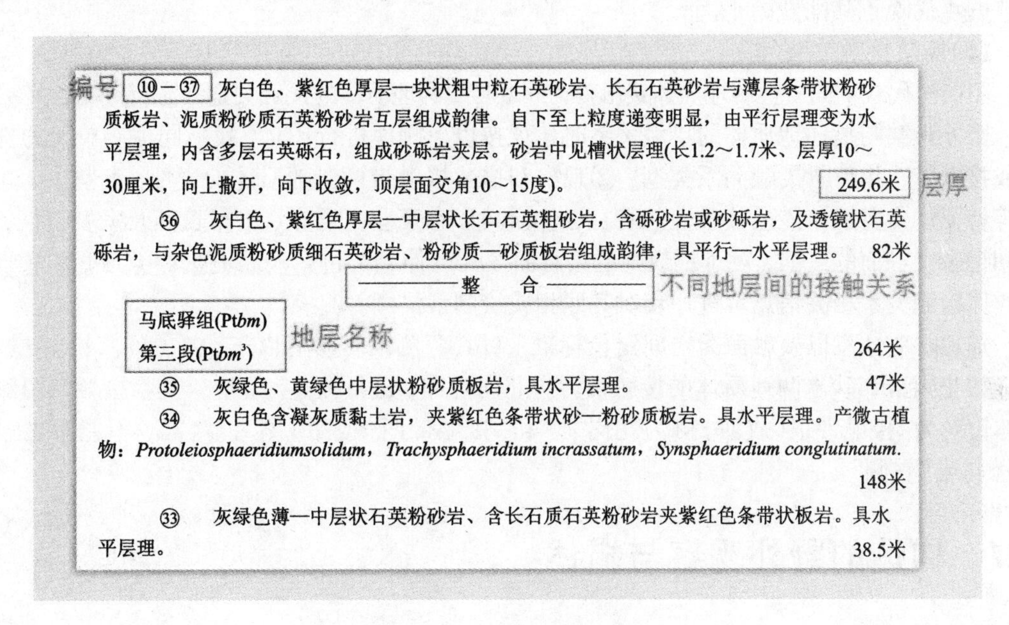

编号 ⑩－㊲ 灰白色、紫红色厚层—块状粗中粒石英砂岩、长石石英砂岩与薄层条带状粉砂质板岩、泥质粉砂质石英粉砂岩互层组成韵律。自下至上粒度递变明显，由平行层理变为水平层理，内含多层石英砾石，组成砂砾岩夹层。砂岩中见槽状层理(长1.2～1.7米、层厚10～30厘米，向上撒开，向下收敛，顶层面交角10～15度)。 249.6米 层厚

㊱ 灰白色、紫红色厚层—中层状长石石英粗砂岩，含砾砂岩或砂砾岩，及透镜状石英砾岩，与杂色泥质粉砂质细石英砂岩、粉砂质—砂质板岩组成韵律，具平行—水平层理。 82米

——————整 合—————— 不同地层间的接触关系

马底驿组(Pt*bm*)
第三段($Ptbm^3$) 地层名称

264米

㉟ 灰绿色、黄绿色中层状粉砂质板岩，具水平层理。 47米

㉞ 灰白色含凝灰质黏土岩，夹紫红色条带状砂—粉砂质板岩。具水平层理。产微古植物：*Protoleiosphaeridiumsolidum*，*Trachysphaeridium incrassatum*，*Synsphaeridium conglutinatum*. 148米

㉝ 灰绿色薄—中层状石英粉砂岩、含长石质石英粉砂岩夹紫红色条带状板岩。具水平层理。 38.5米

图3－17 地层描述实例

3.6.3 地质体接触关系的观察与描述

地质体之间接触关系的认识和确定是野外地质工作的基本内容，是确定大地构造演化、判定地质体形成次序、有利成矿部位等的基础工作。地质体的接触关系主要包括以下几种：

(1)整合接触关系

不同时代的地层单元之间为连续沉积，相邻的新、老地层产状一致，它们的岩石性质和生物演化连续而渐变，这种地层的接触关系称为整合接触，二者间的接触界线以实线表示。

(2)平行不整合接触(假整合接触)关系

相邻的新、老地层产状一致，但地层分界面是沉积作用的间断面(缺失部分地层)，亦称为剥蚀面。剥蚀面产状与相邻的上、下地层的产状平行，剥蚀面具有一定程度的起伏，在其凹下部位常常堆积有砾岩，成为底砾岩，其砾石来源于下伏地层。地层的这种接触关系为平行不整合接触，接触界线用虚线表示。

(3)角度不整合接触关系

相邻新、老地层的产状不一，地层之间呈角度相交，且它们之间缺失部分地层，其间被剥蚀面分隔，剥蚀面产状与上覆岩层一致，这种接触关系为角度不整合接触，接触界线用波浪线表示。

(4)侵入接触关系

侵入接触关系是侵入体与被侵入的围岩间(包括沉积岩、早期形成的岩浆岩、变质岩)的接触关系。侵入体与围岩边界可以是不规则的，也可以是规则的，如岩脉与围岩的边界常为规则状，在围岩一侧常可形成“烘烤”边，岩石发生热接触变质或交代变质，岩石中矿物发生重结晶或蚀变，形成角岩或矽卡岩等，在侵入体近接触界面一侧可形成“冷凝”边，岩石结构较侵入体内部细小。侵入体边缘常见围岩的捕虏体，围岩中有从岩体延伸的岩脉和岩枝，侵入体的年代晚于其围岩的年代。

(5)断层接触关系

不同时代或不同岩性的地质体接触处为一断层，两地质体的接触关系称为断层接触关系。

野外观察与描述地质体的接触关系时建议按以下顺序进行：①寻找不同地质单元的接触面或接触带，并判断接触关系类型；②观察和描述接触带两侧地质体的岩性、产状、空间位置等特征；③观察和描述接触面的特征，包括其形态及空间展布、出露长度及宽度特征，测量和记录接触面的产状，对于不规则的接触面按其延伸趋势进行产状测量；④为更好保留该地质体接触关系相关信息可进一步对其照相或绘制素描图。

描述时应注意以接触面为空间定位标准，对其两侧地质体冠以东、西、南、北等方位名称。如花岗岩和砂岩两地质体的接触带为南北向延伸，进行描述时，应分别将接触带两侧地质体记录为“接触带东(或西)侧为花岗岩”和“接触带西(或东)侧为砂岩”，不能对之冠以“左侧”或“右侧”。

3.7 构造的野外观察与描述

在地壳应力的作用下地质体常发生形态和空间位置上的变化，这种变化的产物称为地质构造，所以在野外观察到的很多地质体并不一定会以其初始形成时的形态及空间位置呈现，而是其在遭受地质构造运动作用后的产物，如水平岩层的倾斜或弯曲、连续岩层的断开或错动、完整地质体被破碎等。本实习区内常见构造有褶皱、断层、节理。

3.7.1 褶皱的野外观察与描述

褶皱是指岩层弯曲变形后的现象(图 3-18)，单个弯曲称为褶曲。

图 3-18 岳麓山爱晚亭附近泥盆系地层发生变形形成的背斜

褶曲可分为两种基本类型：一种为背斜，原始水平岩层受力向上凸起，其特点为褶曲核部地层时代较老，而两侧对称出现新地层；另一种为向斜，原始水平岩层受力向下凹曲，特点是褶曲核部地层时代较新，两外侧对称出现较老时代的地层。

实际工作中这两类褶曲可能相互组合出现，如复背斜、复向斜，或只见褶曲某一翼，对此称为单斜。根据褶曲轴面产状、横剖面的形态特征、枢纽的产状，长宽的比值，褶曲可以划分为不同的类型。

野外工作中能在露头上观察到的褶曲是小型褶曲，更多的褶曲需要在一定空间范围内基于对地层时代、岩性及其产状的观察和分析才能识别出。在认知实习中学生主要通过对小型褶曲的观察获得对褶曲外观特征的认知、掌握对褶曲的描述方法；同时通过对岳麓山和桃花岭区域尺度中地层/岩层产状，结合褶皱的定义，来认识和感受大型褶皱。

对小型褶曲观察时首先应注意观察同一岩层是否发生了弯曲，在此基础上主要观察和测量的数据包括：①岩层弯曲的方向，据此判断该褶曲属于背斜还是向斜；②分析其核部和翼部，观察核部、两翼地层的岩性，测量两翼产状等；③观察两翼和转折端处岩层厚度变化的情况，转折端处岩层是否有加厚或减薄现象；④观察褶曲两翼及转折端的形态，观察是否存在与褶曲相关的伴生构造（次级褶皱、劈理、节理、断层）等，并对其特征进行描述；⑤理解褶曲的翼间角、枢纽、枢纽延伸方向（倾伏或扬起）、轴面、轴线/迹及其延伸方向等，同时大致测量这些要素的产状（准确的测量需要借助赤平投影方法才能获得，该方法需通过《构造地质学》课程的学习来掌握；枢纽延伸方向还需要两个以上控制点的两翼产状数据才能确定），并据此判断的褶曲的空间类型；⑥为更形象地保存该褶皱的相关信息，可对其拍照或绘制素描图。

3.7.2 断层的野外观察与描述

断层是当应力强度超过了岩石的破裂强度，使岩石产生明显破裂面，且沿破裂面两侧岩块发生明显位移的构造，在地壳中分布广泛，规模差异大，是地壳中最重要的地质构造之一。认识断层、掌握断层的特点并对其进行描述是认知实习的重要内容，同时也为未来的地质工作打下基础。

1）断层的几何要素

断层的几何要素包括断层面（简称断面）、断盘、断距（断层位移）等。

断层面：是发生相对滑动的地质体之间的面，断层面产状包括走向、倾向、倾角，是野外观察断层时必须要测量的数据。受风化剥蚀等因素的影响，断层面不一定被保存，因此现在所见的一些断层并不发育断层面，但仍可推断两相对滑动地质体之间存在断层面。

断盘：被断层面错断开的两部分地质体。野外工作时给这两部分地质体定义是对断层特征进行观察和描述的基础工作，其定义主要根据其与断面的空间关系而确定。当断层面是倾斜状时断面之上的地质体称为上盘，反之为下盘；当断层面是直立时，两盘按断盘相对断面所处的方位而定义，如断盘处于断面的北部称为北盘，南部称为南盘，处于东部称为东盘，西部为西盘，不可能出现一盘为东盘，一盘为北盘的情况（图3－19）。

断距：断层两盘相对位移的距离。实际工作中常以两盘特征典型的地质体等作为标志体，如花岗岩岩体断层两侧的伟晶岩脉就是“标志体”，可通过测量标志体间的距离来确定断距。断距与铅直断距、水平断距三者的关系见图3－20。

2）断层的分类

地质学家基于断层的特征、成因、两盘运动的方向等因素对断层的分类建立了许多标准，对同一条断层因强调的因素不同而有不同的类型，对某一断层可以确定其为正断层，也可以确定其为张性断层。以下简要介绍三种常见的分类方法及相应的断层命名，其他分类方案及相应断层类型可参阅《构造地质学》。

根据断层两盘相对滑动方向可分为：正断层、逆断层（逆掩断层：断层面倾角小于25°，

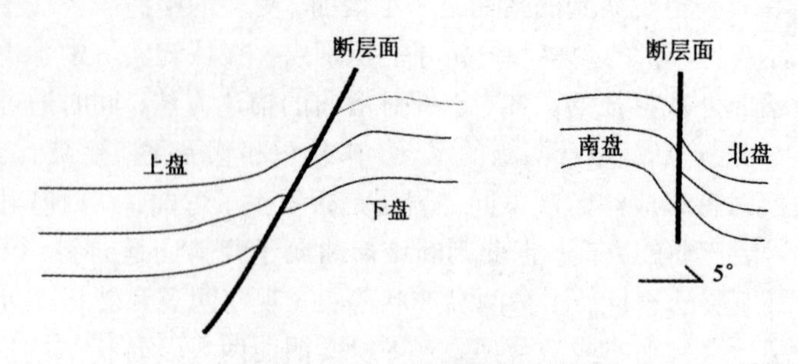

图3－19　断盘的定义

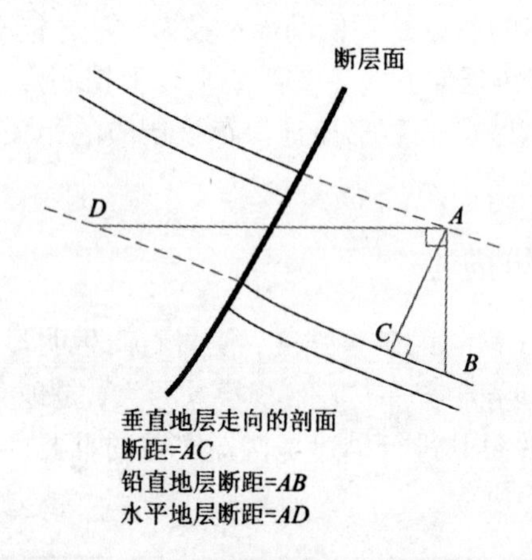

图3－20　断距、铅直断距、水平断距的关系

上盘位移很大时形成推覆体）、平移断层三类。复合两种滑动类型的断层可复合命名，按滑动类型前次后主规则，如平移－正断层，表明该断层以正断层为主兼有平移断层的性质。

根据形成断层的应力性质可分为：张性断层、压性断层、剪性断层。张性断层的断层面一般较粗糙，其中常填充构造角砾岩，沿着断层裂缝可有岩脉、矿脉填充。压性断层中破碎物质常有挤压现象，发育透镜体或片理、劈理等，断层两侧岩石常形成挤压破碎带，断层带内常产生一些受压受热重结晶的应变矿物，如绿泥石等，并多定向排列。剪性断层的断层面平直光滑，常出现大量擦痕、擦沟等，断裂面可以切穿岩层中的坚硬砾石和矿物，断裂带中的破碎岩石常碾压成细粉，出现糜棱岩，有时也出现一些应变矿物如绿泥石等。

根据断层走向与被断岩层走向的几何位置关系可将断层分为：走向断层（断层走向与岩层走向平行，也可称为纵断层）、倾向断层（断层走向垂直于岩层走向，也可称为横断层）、斜向断层（断层走向与岩层走向斜交，也可称为斜断层）。

3）断层性质的判断依据

断层性质的判断依据有许多，但并不是所有的断层都一定发育这些特征。有的断层可能只发育一种或几种特征，因此同学们需要根据观察到的断层特征灵活进行分析以对断层进行判断识别，同时也要意识到由于断层类型和特征的多样性，需要通过长期的实践积累才能提高对断层的识别能力。断层存在的主要特征有：

(1)地质体(地层、矿层、岩脉)的错断。

(2)地层出现重复或缺失，断层导致的地层重复不同于褶皱产生的地层对称性重复，是非对称性重复，区分特征见表3-3。

表3-3 不同断层性质表现出的地层重复或缺失

性质	地层与断层倾向相反	地层与断层倾向相同	
		(地层>断层)	(地层<断层)
正断层	重复	重复	缺失
逆断层	缺失	缺失	重复

(3)镜面、擦痕。

镜面：光滑而平整的断层面，是断层运动过程中两盘岩石相互摩擦所致。

擦痕：分布在镜面上的平行而密集的沟纹，其走向代表两盘相对位移的方向。

(4)阶步。

断层面上与擦痕方向垂直的小陡坎，包括正阶步、反阶步。

正阶步：陡坡倾斜方向指示对盘运动方向。

反阶步：如果是压性裂隙，亦称羽裂，陡坡倾斜方向指示本盘运动方向；如果是张性裂隙，陡坡倾斜方向指示对盘运动方向。

(5)牵引构造。

断层面两侧岩层发生变薄和弯曲，当变曲强烈时形成拖曳褶曲，褶曲弧形突出的方向指示本盘运动方向。

(6)断层泥、断层角砾。

断层泥：两盘沿断层面碾磨时形成的泥状物质。

断层角砾：碎块较大，一般呈棱角状，呈圆-半圆形时称为断层磨砾。

根据断层角砾成分可判断断层切穿了哪些地层。

(7)其他证据。

断层的旁侧常出现密集节理带，据此可追索至断层。陡崖地形(断层崖)、三角面山、矿化带和串珠状分布泉水也常可以成为断层判断的依据(断层可以是矿液和地下水的通道和储集场所)。

4)断层时代的确定

断层时代是指断层形成时代。认知实习阶段主要掌握确定断层形成的相对时代的方法，其原则是地质学中的“地层层序律”和“切割穿插定律”。断层如果被某时代的地质体覆盖，则断层形成早于上覆最老地层形成时代；断层穿切任何地质体或构造，则其形成晚于被穿切地质体形成时代。断层相互切割时，被切割者时代较老(图3-21)。

5)断层的野外观察与描述

对断层进行观察与描述应包括以下内容：断层名称(通常以编号或断层发生处的地名给断层命名)、位置、延伸长度、分布宽度、断层判断依据、断层产状、断距、形成时代、断盘的地质特征(包括地层时代、岩性、伴生构造)、断层岩、断层面特征、充填物及特征以及伴生

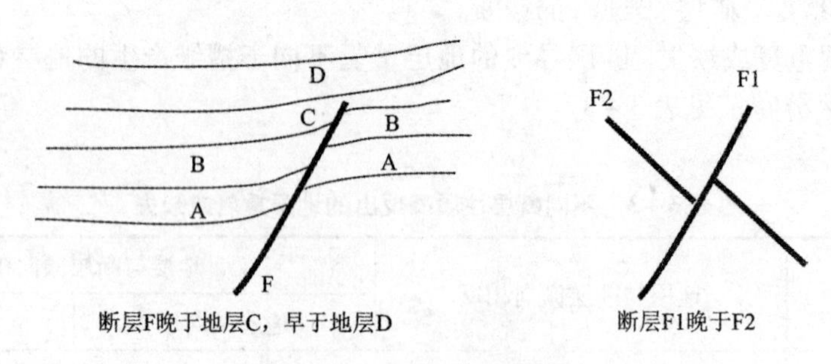

图3-21　断层时代的判别

构造(如角砾、擦痕、阶步、次级节理)等，并确定断层性质、断盘相对运动方向及其依据，其中断层产状、延伸长度、分布宽度、断距等数据均需进行实地测量。

3.7.3　节理的野外观察与描述

节理指的是岩石中的裂隙，其与断层的区别在于其两侧岩石没有明显相对位移，是岩石中最广泛发育的一种地质现象。

1)节理的分类

与断层一样，节理也有多种分类标准，依据分类标准的不同，可有不同类型。认知实习时学生可以通过了解依成因与地层的关系进行分类的节理类型，更多的可通过《构造地质学》进行了解。

按节理的成因，节理分为原生节理和次生节理两大类。

原生节理是指成岩过程中形成的节理，如沉积岩中的泥裂、熔岩冷凝收缩形柱状节理等。次生节理是指岩石成岩后形成的节理，包括非构造节理(风化节理)和构造节理。其中构造节理是所有节理中最常见的，它根据力学性质又可分两类：张节理和剪节理，两者表现出多方面的特征差异(表3-4)。

表3-4　剪节理与张节理特征比较

类型	剪节理	张节理
概念	剪应力产生的破裂面	张应力产生的破裂面
产状	产状稳定、沿走向和倾向延伸远	产状不稳定，延伸不远
形态	节理面较平直光滑	节理面粗糙
切穿	一般切穿砾砂，切面平整	绕过砾砂，若切穿，切面呈凹凸状
组合特征	单个剪裂面一般由很多羽状微裂面组成，典型剪节理常成共轭X型节理系，表现为菱形或棋盘格子状	成不规则网状，树枝状，如追踪X节理成锯齿状，有时成放射状或同心环状

按节理与岩层的产状要素的关系，节理可划分为以下四种：

走向节理：节理的走向与岩层的走向一致或大体一致。

倾向节理：节理的走向大致与岩层的走向垂直，即与岩层的倾向一致。

斜向节理：节理的走向与岩层的走向斜交。

顺层节理：节理面大致平行于岩层层面。

2）节理的野外观察与描述

野外地质工作中对节理的观察与描述主要包括以下方面：①节理出露点地质背景，所处构造部位、地层时代、产状、岩性、褶皱和断层的空间分布及特征等背景信息；②测量节理产状，并确定节理与地层产状、褶皱和断层的空间位置关系，如节理与地层、断层走向、倾向是垂直/平行/斜交，节理分布于断层的上盘或下盘，靠近断层面或是远离之，节理分布于褶皱的转折端或翼部等；③对节理进行类型（张性、剪性等）及组系（按走向或与褶皱或断层的关系分组）的分类；⑤节理面观察与描述，包括节理面形态、平直程度、延伸长度、发育程度（节理密度）情况，羽状节理及断层的几何关系等；⑤节理充填情况及充填物类型及特征。其中节理密度（垂直节理走向方向上单位长度内最多节理条数，单位为条/米）及产状需进行测量以获得准确数据。

3）节理统计

由于节理发育密度大，常有不同的走向、倾向及倾角，为了查明节理发育的规律、特点和其与该区相关构造的内在联系，需开展节理统计工作。在每个观察点进行大量节理产状量测，在室内进行走向、倾向或倾角数据统计分析，以确定工作区节理走向、倾向的优势方位或优势倾角，统计结果常用图表示，如节理玫瑰图（包括走向玫瑰图、倾向玫瑰图和倾角直方图）。此类图件编制简单，借用软件可以快速、准确地进行绘制，能把节理方位和倾角大小趋势明显反映出来。以下以走向玫瑰图为例，介绍作图步骤及注意事项。

（1）实测数据的整理：将野外实测的节理走向换算成北东和北西向（走向值分布在0°～90°，270°～360°）；按一定间隔分出多个方位组，每组一般采用5°或10°为一间隔，按表3－5格式对其进行统计整理。

表3－5　长沙岳麓山某观测点节理统计资料

方位间隔	节理数目	平均走向/(°)	方位间隔	节理数目	平均走向/(°)
0°～9°			270°～279°	1	270
10°～19°			280°～289°	1	285
20°～29°	1	20	290°～299°	3	295
30°～39°	8	33.3	300°～309°	9	304.2
40°～49°	7	43.7	310°～319°	9	312.2
50°～59°	3	56.3	320°～329°	1	320
60°～69°	12	65.5	330°～339°	2	334
70°～79°	13	74	340°～349°	2	340
80°～89°	6	81.2	350°～359°	1	350

(2)确定节理玫瑰图的比例尺：根据作图的大小和各组节理数目，以等于或稍大于按比例尺表示数目最多的一组节理的线段长度为半径，作半圆，过圆心作南北和东西方位线，在圆周上标明方位角(图 3－22)。

(3)找点连线：从 0°～9°一组开始，按各组平均走向方位角在半圆周上作一记号，再沿圆心向圆周上该点的半径方向，近该组节理数目和所定比例尺定出一点，此点即代表该组节理平均走向和节理数目。各组的点位确定之后，顺次将相邻组的点连成线。如其中某组节理为零，则连线回到圆心，然后再从圆心引出线与下一组相连。

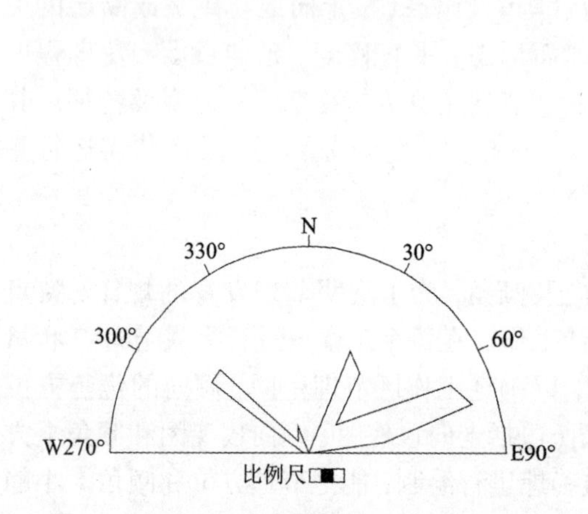

图 3－22　岳麓山某观测点节理走向玫瑰花图

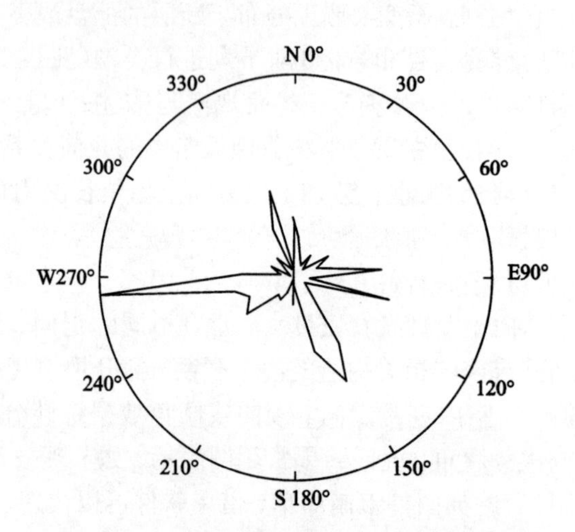

图 3－23　岳麓山某观测点节理倾向玫瑰花图

节理倾向玫瑰图的绘制与走向玫瑰图的类似，只是按节理倾向方位分组，求出各组节理的平均倾向和节理数目，用圆周方位代表节理的倾向，用半径长度代表该倾向方位组内节理条数，由于节理倾向数值可分布在 0°～360°，因此需用整圆(图 3－23)。倾角直方图的绘制是根据倾角值分布于 0°～90°的特点，同样按一定的角度间隔进行分组，对每组的节理条数进行加和统计，在此基础上以倾角为横坐标，以条数和为纵坐标绘制倾角直方图。

走向节理玫瑰图多应用于节理产状比较陡的情况，而倾向玫瑰图多用于节理产状变化较大的情况，实际工作中可根据实际情况及要求进行选择。

在进行节理统计时应注意节理的野外特点，如应区分不同时代的节理，一般不应将不同时代的节理混在一起进行统计分析。

目前人们已开发出众多的节理玫瑰图绘制软件，这些软件均可在互联网下载。应用这些软件可以大大提高玫瑰图的绘制效率，只需注意根据不同软件对数据组织及操作步骤的要求进行操作即可。

3.8　野外记录的方法及要求

野外工作中的重要任务之一是对所观察到的地质现象进行文字描述和记录。对重要而典型的地质现象，为了更完整、形象地保存其信息，需对其进行照相，摄影、绘制平面、剖面或素描图等工作，以便为下一步室内工作提供更为方便、完善、直观的野外资料。下面是几种主要野外记录方法及其要求。

3.8.1 野外记录要求、内容及格式

1)野外记录要求

(1)必须记录于专业的野外记录本上，必须用铅笔进行记录，必须在野外现场完成记录。

(2)必须详细记录，地质记录是地质现象描述的最基础、最宝贵的原始资料，是进行综合分析和进一步研究的基础，也是地质工作成果的表现之一，因此应尽可能进行详细记录。

(3)必须客观记录：野外记录须客观反映实际情况，做到看到什么记什么，不能凭主观随意夸大、缩小或歪曲，但允许和鼓励在记录本上记录表示作者对地质现象进行的分析、判断。

(4)清楚表达：要求记录清晰、美观，文字通达。

(5)图文并茂：有文字描述的同时，最好配以插图，包括素描图和示意图等。尤其是地层、岩体等地质体及其相互的接触、空间关系、矿化特征，以及其他内、外动力地质现象，要尽可能地绘图表示。

2)记录内容

(1)基本内容和格式

在野外记录本的扉页写下工作区域、姓名、联系方式等。在页顶记录野外工作日期、天气、地点或路线。

野外记录本由横格纸和方格厘米纸两部分组成。横格纸用来文字描述、记录，方格厘米纸用来绘素描图、信手剖面图和其他示意图。

横格纸的页头上有“日期”“地点”两项，每天出野外工作时都要填写。页头之下的第一行写路线，要写得具体清楚，按行走次序将路线上的主要地点列出，例如，路线一：湖南师范大学音乐学院后山坡—万景园—穿石坡湖。记录页分为三列，将点号、点位、点性等标题性内容记录于第一列，第二列主要记录描述内容；第三列记录产状、标本号、照片号等(图3-24)。另外，在野外记录本上记录产状、坡度等角度时，角度符号“°”一定要清楚书写，避免与数字“0”、字母“O”等混淆。有的野外工作组为避免这种混淆的情况，规定野外记录本上记录角度时不写角度符号“°”。笔者认为规定不写角度符号“°”略显矫枉过正，养成清楚、整洁作野外记录的习惯最为重要。

(2)基本专业内容

根据观察到的地质现象的差异，可将观察点的点性分为岩性点、地层界线点、水文点、地貌点、构造点、矿化点等，也可是综合点，如岩性-构造点。对不同点性的观察点，观察内容不同，记录的侧重点不同，但记录顺序基本一致：①点号；②点位：包括描述性地理位置(通常用地名，或距地面标志物的方向及距离表示)及坐标；③点性；④露头情况(天然/人工，出露好/差等)；⑤地质现象特征描述，该部分是记录的重点，包括文字及插图，其描述方式和内容在以下详述。

3)地质现象描述角度

常见地质现象众多，但主要可以分为岩石、断裂、褶曲、节理、接触关系、矿体等，由于这些对象的组成要素、组织结构、产状等不同，描述的专业术语及角度需有差异，但总的原则是需对所观察的地质现象从化学、物理、空间、时间四个角度进行描述：

2014.6.7　　岳麓山　　阴转晴

路线：岳麓山师大后山坡—万景园—穿石坡湖

点号：D1-01

点位：师大体育系后山坡

坐标：192345678，3123456，50

点性：岩性点

描述：该点出露石英斑岩.风化面为土　P1-01
灰色，新鲜面灰白色.由石英长石　S1-01
等组成.斑状结构，块状构造.斑晶
为石英，粒状，大小1~2 mm
围岩为跳马涧组紫色泥质粉砂岩　32°∠14°

图3-24　野外记录格式示例

化学角度主要涉及地质现象的组成要素及其物性，如岩石、矿物种类，断层的上、下盘；

物理角度主要是指对地质现象的组成要素的物理特征进行描述，如岩石的颜色、结构、构造、矿物晶形、大小等；

空间角度方面则主要描述地质对象的规模、产状(对面、层状地质体记录其走向、倾向、倾角，岩浆岩体则根据其出露形态和规模确定其产状，如岩株/脉/枝等)；

时间角度则主要涉及对地质对象间的接触关系类型描述，以及地质对象间形成时代或相对形成时代的描述。

另需注意：①地质现象与点位的方位关系的描述，如某地质现象处于点的南/北侧、东/西侧；②地质现象的发育规模及强度，如地质体的出露长度或宽度，或节理密度等；③如果一个观察点上出现两种或以上的地质现象或地质体，除了分别对其进行描述和记录外，还要特别注意描述地质现象或地质体之间的空间及穿插关系和形成顺序；④要特别注意描述地质现象所处的地质位置，如地层的顶/底部、褶皱的核/翼部、断层的上/下盘等。

4)地质现象描述记录

地质现象描述主要采用文字描述方法，辅以素描图、剖面图、平面图、照片等。描述的顺序原则一般为按规模由大到小、由简到细，比如，首先描述地质点出露的地层、岩浆岩的产状、接触关系等，然后分别描述不同地层的岩石特征。

①岩性描述的主要内容及顺序：颜色、矿物成分、矿物的晶形、大小、排列方式、岩石的结构、构造、产状、接触关系、岩石名称等，如是沉积岩、变质岩，要描述其所属地层等。应特别注意不同岩石类型其结构构造名称的匹配性，如岩石中的矿物为粒状时，在岩浆岩中应描述为粒状结构，在变质岩中则应描述为粒状变晶结构，在认知实习过程中同学主要接受老师的指导，详细的岩性描述可参阅《岩石学》中的要求。

②断裂描述的主要内容及顺序：出露位置、出露规模、判断依据、断层面产状、断面特征及构造(如阶步、擦痕)特征及产状(侧伏方向、侧伏角)、断层两盘相对位移情况，及两盘岩性特征、断距、充填物特征、断层次级构造、断层性质等。

③褶曲描述的主要内容及顺序：出露位置、褶曲核部地层时代及岩性、两翼地层时代、

岩性及产状、伴生构造(如节理、劈理等)特征及产状、褶曲类型等。

④节理描述的主要内容及顺序：出露位置、延伸情况、节理面特征、节理性质、产状、密度、充填物特征等。

3.8.2　素描图

素描图是把野外工作中遇到的典型、重要的地质现象及相互关系形象、真实地描绘出来的图件。照相与素描图的描述记录方式各有优势，照相可以非常直观地反映地质现象，具有快速、客观、准确的优点，但照相机取景范围有限，对于规模较大的地质现象全面反映的能力较弱，同时照相无法将与地质现象无关的物体舍除。因此对于规模较大或很小的地质现象及其空间关系的描绘素描图更有其优势。素描图还可以简化与地质现象无关的要素(如树木、泥土等)以突出描绘出地质现象。因此素描图的绘制仍是地质专业人员的专业基本技能。目前人们也常通过图像处理软件，在照片上通过线条和标识对地质现象进行突出描述。

在绘制地质现象素描图时，可根据工作需要，有目的地去掉一些次要的部分或干扰因素，突出重点。绘图之前应根据绘制地质现象的复杂程度确定图面的大小和比例尺，一般原则是在清楚、美观地表达全部地质内容的前提下尽可能地确定一个相对小的合适的图面范围，作图的步骤是：

(1)选取要绘制的地质现象，确定素描图的比例尺，把地质现象变化的要点绘制于野外记录本有坐标方格的纸页上，以更好地把握素描图与真实地质现象间的比例关系；

(2)用圆滑曲线连接变化要点，勾绘地质现象的图形轮廓，再详细绘制地质现象细节，重点表示需要突出的地质现象的点或线；

(3)确定图例，并根据图例在素描图中对不同的地质体填绘特定的符号和代号；

(4)确定素描图的方位，面对地质现象，保持罗盘水平，并使指南针平行于地质现象，测出素描图的方位，在图上标记方位，方位一般标记在图幅的右上角，并用箭头表示，在箭头的右侧标记其方位数值。

(5)绘制或标记比例尺、图名、图例和地物名称等，其中图名可置于图的上方或下方中间，图例多置于图幅的右侧或下方，当图名置于图幅上方时，比例尺多置于图名之下，当图名置于图幅下方时，比例尺多置于图名之上。

(6)编写素描图所绘制内容的文字说明，记录于野外记录本中。

(7)图面修饰，使素描图更清晰美观。

3.8.3　照相

照相时应注意将拟记录的地质现象置于中心位置，并在适当的位置放置铅笔、硬币、记录本、地质锤等人们熟知其实际大小的物品作为比例尺，以示意照相的地质现象的大小。如果可能最好放置有刻度的短尺，可以更为准确地表达地质现象的大小，比如需进行矿物粒径测量时，可以通过放置短尺进行照相，回室内后再以照片中的短尺进行粒径测量，可以大大节约野外工作时间。同时应注意在野外记录本上记录照相的编号及内容，并记录所照对象为剖面或平面，或顶面(在矿山坑道中常需对坑道顶面显示的地质现象进行照相记录)。还应注意，如需记录地质现象的空间位置时，则需要记录镜头所对方位(剖面)，或照片上方的方位(平面或顶面)。如对一断层进行剖面照相记录时，如果记录下镜头所对方位是0°，则可在室内根据照片确定断盘所处的方位，面对照片，处于照片左侧的断盘是西盘，右侧的是东盘；如对断层进行平面照相时，如记录照片的上方为0°，则在照片上可以确定断层的走向，或根据断层两盘的标志层，确定两盘位移的实际方向。

在室内通过相关图像处理软件对照片进行加工处理，以突出地质现象，也是地质工作者需要掌握的技能，如观察路线一第 D1－02 点图 4－2 对照片的后期处理。

3.9 野外观察点描述实例

以下所列的观察点均位于长沙市区周边，主要分布于湘江西岸的岳麓山、桃花岭，东岸南部的书香路、余姚路，北部的丁字湾一带。以下实例的列举除为了让师生们了解各处主要的地质现象外，更重要的是帮助同学们理解、掌握对不同地质体的观察内容和描述。

3.9.1 实例一

点号：D1－01

点位：师大体育系后山、岳麓山南部山脚

坐标：XXXXXX，XXXXXXX

点性：1）岩性点；2）构造点。

观察内容：侵入岩的产状、侵入接触关系、烘烤褪色带、石英斑岩岩性、围岩岩性及产状，侵入体中的断裂及节理。

（1）岩性观察及描述

石英斑岩新鲜面呈灰白色，风化后为土黄色。主要矿物成分为石英、长石等。具斑状结构、块状构造。斑晶含量约7%，组分为石英、长石。石英斑晶为六边柱状或粒状，大小约2 mm，有的颗粒被溶蚀，其残留体呈半月形、浑圆状或不规则粒状。长石斑晶多已风化，成为白色的高岭土或浅绿色绢云母，但仍保留了长石的板状晶形。基质含量约93%，为灰白色，隐晶质。

变质砂岩：出露于石英斑岩的东侧及顶部，为灰白色，致密状，主要成分为石英碎屑，含量约80%，硅质胶结，变余砂状结构，层状构造。

紫红色砂岩：出露于石英斑岩东侧接触带以东，是石英斑岩的围岩，为紫红色，碎屑成分为石英、云母，填隙物为泥质、粉砂质，矿物有绢云母、石英，砂状结构，薄层构造，受节理和层理影响，较为破碎，碎块为薄片状。

（2）岩体形态及产状

石英斑岩岩体呈不规则岩脉状，走向25°，倾向不清楚，出露宽度1～10 m，出露长度数十米。

岩脉围岩多被第四系坡积物覆盖，局部可见泥盆系砂岩，岩体与围岩接触界面不规则。在山腰可见岩脉与泥盆系地层的接触，泥盆系砂岩从远离岩脉的紫色到近岩脉变为灰白色，为岩脉烘烤所致。岩脉顶部的泥盆系砂岩受岩浆的烘烤发生重结晶，岩石变为灰白色，结构更为致密，硬度增加，岩性由紫红色砂岩变为变质砂岩，仍保留其近水平的产状。

（3）接触面特征

在该点东侧附近的小采石场剖面中可见到岩体与泥盆系砂岩的接触面，接触面为凹凸不平状，其产状为320°/230°∠50°，围岩为紫红色粉砂岩，产状为355°/85°∠30°，该点沿接触面发育一断层，断层小角度穿切了部分接触面，断面呈舒缓波状，其下盘发育剪节理，节理产状为85°/175°∠74°，密度为10条/米。

点评：

(1)该点为石英斑岩出露点。首先对岩石的岩性进行观察和描述，确定其为石英斑岩，并将之与围岩区分。

(2)对石英斑岩的描述，要充分理解、综合本书第2章中"岩石标本的肉眼观察及鉴定"部分的内容，首先对岩石新鲜面的颜色、风化颜色进行描述，然后是岩石的矿物组成、结构、构造及其他特征，最后对岩石进行定名。

(3)对石英斑岩岩体的产状及空间形态进行观察描述，包括石英斑岩体的出露形态、规模、产状、与围岩的接触关系。

(4)对岩体的围岩特征观察，要注意对围岩所处的地层时代的确认，同时也应观察和描述围岩的岩性特征，测量其产状。

(5)接触带的特征及产状也是必须要观察和测量的内容。

(6)岩体的其他特征也要进行观察和描述，如本例岩体中发育的小断裂和节理，包括其性质和产状。

3.9.2　实例二

点号：D2-05

点位：高家坪北东侧山坡

坐标：XXXXXX，XXXXXXX

点性：1)岩性点；2)构造点。

观察内容：

(1)岩性：该点出露泥盆系互层状石英砂岩、页岩，岩性变化(由下向上)：页岩(厚30 cm)→白色石英砂岩(厚5 cm)→浅灰色页岩(厚10 cm)→黄色砂岩(厚15 cm)→浅灰色页岩(厚12 cm)→多层状灰白色石英砂岩(单层厚6~20 cm)。

出露的各类岩石具有颜色变化，主要由矿物成分引起，白色石英砂岩中石英含量较高，灰色页岩中碳质相对含量高，砂岩以石英碎屑为主，砂状结构、层状构造，页岩以泥质物为主，泥质结构、页理构造。

(2)断层：断层由垂直其走向剖面揭露，断层产状为320°∠61°，断层上、下盘均为泥盆系地层，上盘岩层产状为325°∠26°，下盘岩层产状为330°∠ 26°，岩性为互层状白色石英砂岩和浅灰色页岩。上盘岩石发生了拖曳，拖曳指示断层上盘下降，为正断层，根据页岩标志判断断层沿倾向发生了1.8 m的位移(断距)。

点评：

(1)该点出露泥盆系互层状石英砂岩、页岩。由于该点的石英砂岩、页岩与该地区典型的泥盆系石英砂岩、页岩特征一致，故未再次对岩性进行详细描述，实际工作中有时只需注明"其特征与区内其他露头所见同类岩石相似"即可，在本实习中，记录为"泥盆系互层状石英砂岩、页岩"。需要注意的是，这是在确认该点的石英砂岩、页岩为泥盆系的基础之上所作的记录。

(2)该点互层状石英砂岩、页岩的变化较为频繁，故对此点进行了简单的剖面实测，对每一层的厚度、岩性进行了简单描述。

(3)对野外的一些认识、想法(如本例中记述的“反映其沉积环境的变化”)要实时记录，以便后期整理。

(4)对断层的描述，要充分理解、综合本书第3章“构造的野外观察与描述”部分的内容。

3.9.3 实例三

点号：D4-04

点位：桃花岭风车口

坐标：XXXXXX，XXXXXXX

点性：1)地层界线点；2)不整合接触点。

观察内容：

(1)板溪群地层与泥盆纪地层的分界线

该点北西出露板溪群五强溪组第一段厚层白色石英砂岩，岩层厚2 m，产状为159°∠57°，在山脊呈正地形，近东西向延伸，点南东山坡为泥盆系跳马涧组第二段的紫红色砂岩(见点D4-03)，产状为10°∠12°，上下两套地层之间缺失地层且产状不一致，故为不整合接触。

(2)岩性

白色石英粗砂岩：出露于点北西，为板溪群五强溪组中岩石，呈白色，碎屑成分为石英，填隙物为石英，碎屑为次棱角状，为粗砂结构，层理构造，厚层状。岩层中夹厚3~10 cm的砂砾岩层，夹层为透镜状分布，与粗砂岩在走向上呈过渡状，砾石含量约为50%，其主要碎屑成分有黑色硅质岩(粒径为5 mm)、砖红色泥质粉砂岩(粒径约为4 mm)、白色硅质岩(粒径为1~5 mm)，填隙物主要为砂质，其中石英含量可达90%。该层可作为岩层产状的标志。

紫红色粉砂岩：出露于点南东，为泥盆系跳马涧组中的岩石，呈紫红色，由于碎屑粒径太小，无法识别其矿物成分，填隙物为粉砂质、泥质物，粉砂结构，层理构造，薄层状，风化后多呈碎片或碎板状。

点评：

(1)该点出露板溪群五强溪组第一段地层和泥盆系跳马涧组第二段地层。对地层的描述，要充分理解、综合本书第3章“地层的野外观察与描述”部分的内容。特别注意的是，一定要将不同地层之间的接触关系进行记录(如不能确定地层间的接触关系，也应记录为“接触关系不确定”)。

(2)对沉积岩的观察要特别注意测量其产状，在实际露头中层理有时并不清楚(特别在变质岩地区，层理容易与片理混淆)，而夹层、微层理等往往是层理构造的表现形式，夹层、微层理的产状一般也就是岩层产状。

(3)在观察和描述中，要遵循“由大到小”的顺序描述，如本例中的描述顺序为地层→岩石特征，即先观察和描述不同地层及接触关系，再分别观察和描述地层中的沉积岩的岩性。

3.10　实习报告编写指导

实习报告是野外实习全部工作的系统整理、分析与总结，是反映实习与教学效果的最后成果。编写实习报告一方面帮助同学巩固和加深对观察到地质现象的印象和认识，另一方面可使同学对观察到的现象进行系统比较和总结，训练其归纳、分析、推理能力，让同学能初步掌握地学类文档的编写方法。实习报告要求条理清晰、表达清楚、文字精炼、图件整洁、要素齐全。

由于实习中观察的地质现象众多，同一类地质现象可能在多个观察点均有出露，为了训练同学的归纳、分析以及发现共性和差异性的能力，要求不能采用以观察点为主线分别对各观察点所见地质对象和现象进行描述的方式撰写，而要对所观察的地质对象和现象进行分类归纳，采用对各类对象或现象进行总体与典型相结合的方式描述。各种地质对象和现象的类型可以根据《普通地质学》中常用的分类方案进行。需要强调的是，希望同学能够通过这种分类并进行描述的方式，培养自己从复杂地质现象中发现其共性特征的能力，因此也鼓励和提倡同学能从所观察到的众多的地质对象和现象中自己发现其共性，将观察到地质对象和现象进行归类，如对褶皱可以根据出露规模分为大/小型等，但需要遵循的原则是同一类地质对象和现象必须具有某一或某几方面的共性。

1）准备工作

实习报告编写的准备工作贯穿野外实习始终，实际上是结合对观察现象特征的形象记忆，通过对每天所观察到地质现象所获得的文字、照片、图件记录的整理，对所观察的现象进行分类、特征总结，挖掘地质现象所蕴含的地质意义，以及个人的认识。例如同一天可能在不同的观察点都观察到了泥盆系地层，因此可以对不同观察点的泥盆系地层及岩性特征进行归纳，总结出泥盆系地层出露的地点、岩性特征、产状的相似点和差异点，并附上素描图、剖面图和照片等。可以借助文字、图件处理软件对文字内容、图件、照片等进行整理，为最终实习报告的编写提供素材。

2）实习报告的主要内容和参考格式

实习报告的主要内容应包括：①实习情况的简介，包括实习时间、地点等。②实习地区基本地理情况简介，包括行政区的归属、交通位置、人口、气候、地形地貌等基本地理信息。③实习中观察到的地质现象及特征的详细介绍，这部分是实习报告的最主要内容。④结论，这部分是对第三部分内容及所获认识的简要概括。⑤认识和建议，这部分可能自主选择是否撰写，但为了提高实习教育质量，同时培养同学对工作中存在问题的发现和分析能力，建议撰写。以下为建议格式，仅作参考。

封面内容：包括实习报告名称、实习时间、实习地点、指导老师姓名、学生专业、班级、学号及姓名、完成时间等。

第一章　绪论

要求介绍本次实习的目的、地点、主要内容、完成的工作量等，达到对本次实习进行简要的概括、说明的目的。

第二章　地层

要求依据本次野外实习观察到的长沙地区地层以及本书附录1长沙地质概况内容，对长沙地区的地层按时代进行详细的描述，可按下述章节编排进行本章的编写：

2.1　长沙地区地层概况：介绍长沙地区地层的总体情况，包括长沙地区出露哪些地层、缺失哪些地层、各地层间的接触关系、各地层的总体分布情况等。

2.2　长沙地区各时代地层特征(按由老到新顺序)：本节要分小节详细介绍每一时代地层的特征，包括地层群、组名称、代号、分布情况、接触关系、产状、出露厚度、组成岩石、岩石特征等。举例如下：

2.2.1　冷家溪群(Ptl)

冷家溪群地层主要分布于长沙城区的西部、西北部，自桃花岭沿西二环至芙蓉北路均有出露，在……地区也有出露。地层产状变化较大，其走向主要为……(实测数据)，倾向多为……(实测数据)，倾角……至……(实测数据)。地层出露厚度约……米至……米(实测数据)，其中……地区的出露厚度最大、最完整。

冷家溪群地层以灰色、青灰色或灰绿色粉砂质－泥质绢云母板岩、千枚岩，厚层状浅变质中－细粒石英杂砂岩、岩屑石英杂砂岩为主，夹条带状粉砂质绢云母板岩以及条带状板岩。在……点处开展了实测剖面(图2－1)工作，显示冷家溪群地层的岩性由老到新变化顺序为……

(此处添加X点冷家溪群地层实测剖面图)

图2－1　X点实测剖面图

2.2.2　板溪群(Ptb)

对其的描述可以参照2.2.1中的内容进行。

2.2.3　沉积构造

地层中要描述的另一重要内容是其中发育的沉积构造，如微层理、斜层理构造、波痕等，因为这些沉积构造是判断地层是否倒转的有效标志，因此应对其进行描述，分析其意义。其描述内容包括：出露地点、分布的地层、构造类型、规模、产状等。以下以斜层理为例：

在黄兴墓和书香路处的地层中观察到斜层理，其中黄兴墓处的斜层理分布于……系地层中，岩性为石英砂岩，其露头宽……厘米，垂直高……厘米，分为……层，斜层理产状……，斜层理与层理相切处指向下方，由此判断该处的泥盆系地层为正常层序(图2.2－1)。

此处可插入斜层理的素描图或照片，编号2.2－1。

第三章　岩石

要求主要介绍实习中所观察到的各类岩石，应分别对观察到的沉积岩、岩浆岩、变质岩进行介绍，其内容包括岩石名称、出露地点、出露规模、产状、与围岩的接触关系、厚度、颜色、物质组成、结构构造等。建议格式如下：

3.1　实习区岩石简况

本节简要介绍实习区出露的主要岩石类型，大致分布区域，相应形成时代，相对出露规模等。

3.2　沉积岩

3.2.1　简介

本节可以首先对实习区观察到的沉积岩类型进行简要介绍，包括岩石名称，主要出露地区、地层时代等。然后分段落或小节分别介绍所观察到的不同沉积岩的岩性及其他特征。

3.2.2　砂岩

如果砂岩在多个观察点被观察，可以采用列表的方式列出岩石在不同观察点的特点，如所属地层时代或地层名称、产状、围岩名称、厚度、颜色、物质组成、结构构造等（表3.2-1），以岩石特征最为全面或典型的观察点为例，对岩石特征进行详细描述，并可附上素描图或照片。如对某点典型石英砂岩的描述，在XXX地出露石英砂岩，分布于中泥盆统岳麓山组地层中，地层产状XXX，岩石上覆XXX岩石，下伏粉砂岩，出露厚XXX米，灰白色，碎屑含量XXX%，成分主要为石英、少量云母，填隙物为石英，砂状结构，块状构造，其中可见微层理构造。

此处可插入砂岩素描图或照片，并编号。

表3.2-1　石英砂岩特征简表

序号	点号	地点	时代	地层单位	围岩关系	产状	颜色	成分特征	结构构造	其他
1										
2										

3.2.3　页岩

其描述格式参考3.2.2砂岩即可。

3.3　岩浆岩

本节主要对实习中所见到的岩浆岩进行总结性描述，可先简要介绍实习区观察到的岩浆岩类型，同样包括岩石名称，主要出露地区、时代、主要产状、期次、与围岩接触关系等，然后同样分段落或小节对各类岩浆岩进行详细介绍。

实习报告中要特别注意岩浆岩与沉积岩在描述特征术语上的差异，不要相互混淆，如岩浆岩的特征中应增加与围岩是侵入（整合/不整合侵入）还是沉积关系，接触界线的形态、产状等特征内容；另外应特别注意岩浆岩的产状与沉积岩产状的差异，岩浆岩产状描述术语有岩墙、岩脉、岩株、岩基、岩床、岩盆、岩盖等，而沉积岩产状描述术语为走向、倾向、倾角，但对产状为岩墙、岩脉的岩浆岩同样要描述其走向、倾向、倾角。以下以石英斑岩为例：

实习区仅在湖南师范大学体育学院后山出露石英斑岩，产状为岩脉，出露长……米，宽……米到……米，与围岩呈……接触关系，接触面形态……，产状为……；围岩为……系……岩；岩石为……色，斑状结构，斑晶成分为石英和长石，含量……基质为……然后分别描述石英、长石斑晶的特征，包括大小、自形程度、晶形等。再描述基质特征，最后描述其他特征，如其中发育节理及其特征等内容。

3.4　变质岩

本节主要归纳和总结实习中所见到的变质岩特征，其描述方式可参考沉积岩和岩浆岩部分，在总体性简要描述后，再分段落或小节对不同的变质岩进行特征描述，注意沉积岩、岩浆岩、变质岩的特征描述术语的专属性，如碎屑结构只能用于沉积岩，斑状结构只能用于岩浆岩，变晶结构只能用于变质岩等。通常特征描述术语与岩石名称具匹配性，如岩石中出现大小有明显差异的矿物时，在岩浆岩中就只能称之为斑状结构，而在变质岩中只能称之为变斑状结构，而前者定名为XXX斑岩，后者定名为斑状XXX岩。更多的知识需要在岩石学课程和不断的实践中积累。

第四章 构造

本章要求对长沙地区发育的构造按类别特征(断层、褶皱、节理、接触界线、不整合面等)进行总结描述。

4.1 断层

要求对长沙地区发育的断层(以野外观察到的为主)进行归纳总结，分别描述各类断层的出露位置、产状、出露长度、上下盘地层或岩石以及断层对地貌的影响等。同学们可以参照《普通地质学》对断层的分类方案对所观察到的断层进行分类，也可以根据断层的走向进行分类，对每一类断层的出露地点、出露规模、排列方向、产状，两盘地层时代、产状、岩石特征、断层内岩石特征、充填物种类及特征、两盘次级构造，如节理、拖曳褶曲等内容进行归纳和描述。以下以正断层为例进行断层特征描述举例：

4.1.1 正断层

首先对实习中观察到的所有正断层进行特征的系统认识，总结其共同的特点以及典型特点，进行文字描述总结，还可采用列表法，将所观察到的正断层主要特征列于表中，然后选择典型的正断层进行详细描述。以下为参考。

实习中观察到的正断层主要出露于……等地，产于板溪群和泥盆系地层中，共观察到……条正断层，出露长度……米到……米，走向不一，主要为北东向和北西向，倾向……倾角……上、下盘地层时代相同，岩性有差异，但以砂岩为主；断层内主要充填……(表4.1-1)。

表4.1-1 正断层简表

序号	出露地点	出露长/宽	产状	两盘地层及岩石	充填物特征	其他
1						
⋮						
n						

其中出露较为完整的正断层为……号断层，出露于……(地名)，其出露长度为……米，宽度为……米，产状为……，上盘为……(时代)地层，岩石为……；下盘为……(时代)地层，岩石为……它们的岩性分别为……其特征为……(岩性描述)；断层内分布构造角砾岩，其岩性特征为……断层面平直，发育水平状擦痕。断层的上盘出现拖曳(图……)，指示上盘下降，因此为正断层。

此处可插入拖曳褶曲素描图，并编号。

4.2 褶皱

要对本次实习观察到的褶皱进行归纳总结，其准备工作是整理野外记录本中有关褶皱的记录，按照常用的褶皱分类标准，如背/向斜，对称/斜歪褶皱等对观察到的褶皱进行归类总结。同学们也可以自己分析所观察的褶皱特征，发现其共性特征，并以此为标准对实习中所见褶皱进行归类，如大型和小型褶皱等，但需要遵循同一类褶皱必须具有某一或某几方面的共性特征的原则。

描述内容要包括：褶皱的出露地点、褶皱两翼产状、出露宽度、形态、核部及翼部的地层时代、岩性以及其他特征，如转折端节理、轴面劈理产状等，进行共性和典型特征描述。注意在描述褶皱两翼产状时，应分别以其与核部的方位关系进行两翼的命名，如翼部在核部的东侧，称为东翼，核部西侧的一翼，则称为西翼，不能以左、右为翼名。以下是建议格式：

4.2.1　简介

简要介绍实习区褶皱的情况，包括观察到的褶皱的数量，主要出露的地理区域(如背斜主要出露于桃花岭、岳麓山)、褶皱类型，分类标准的主要特征依据，如按褶皱核部与翼部地层时代的先后关系，实习区出露背斜和向斜。

4.2.2　背斜

实习中一共观察到背斜……个(表3.2－1)，主要分布于……等地，其核部地层主要为……岩性以……为主，其翼部地层为……岩性为……岩。特征最为典型的背斜为……地出露的背斜，该背斜发育于泥盆系地层中，出露宽度……米，其北侧发育一向斜。背斜核部和翼部岩性均为紫红色砂岩，北翼产状为……南翼产状为……为对称褶皱。该褶皱顶部转折端处发育张节理，节理宽……厘米，延伸……厘米，内有……充填。还可插入照片或素描图进行其特征的更直观表达，但需对插入照片或素描图进行编号。

对向斜的描述可参照背斜进行。

表3.2－1　实习区背斜简表

序号	出露地点	出露宽/m	核部地层及岩性	翼部地层及岩性	两翼地层产状	其他
1						
⋮						
n						

4.3　节理

描述格式可以参照断层的描述格式进行，但应注意描述节理的形态(如：节理平直)和性质(如张节理、剪节理)、节理密度(条/米)、产状等，同时可以增加节理与断层、褶皱关系的描述，如节理分布于断层的上/下盘，与断层的交角为……度等；节理与褶皱的关系，主要描述为节理分布于褶皱的核/翼部，其走向与地层走向是平行、还是垂直或斜交。同样可插入照片或素描图。

4.4　不整合面

描述格式可参照断层及褶皱的小节的格式，但要注意描述内容的差异。对不整合面同样要阐述其出露地点，也要描述其性质(平行不整合，或角度不整合)、产状、其下伏地层时代、名称及岩性，其上覆地层时代、名称及岩性，不整合面的形态及岩性特征，并插入不整合面的素描图或照片。

第五章　实习技能

分小节阐述所掌握的地质工作基本技能：如利用罗盘测量产状、坡度，野外定点方法(后方交汇)、素描图和地质剖面图的绘制、野外记录的格式与要点等。要求以实习中应用这些技能的例子进行操作方法的说明，以下是参考格式：

5.1　面状要素(岩层、断层、节理、接触面)产状的测量

以……地观察点为例，简要描述产状(走向、倾向、倾角)测量过程。

5.2　野外定点方法(后方交汇)

简述定点过程，插入标注了定点位置的地形图。

5.3　其他技能简述

第六章　分析认识

尝试对本次实习观测到的现象等进行系统分析、总结，使本次实习得到升华。建议可选择一至两个典型的现象，进行分析，以下为参考。

6.1　实习区缺失地层的意义分析

实习区出露元古代的地层、古生代的地层有泥盆系、石炭系，其间缺失了寒武系、奥陶系地层，说明在此时期，实习区应处于陆地，未能接受沉积，可推测其环境变化为：元古宙为海洋环境，然后实习区抬升到陆地环境，到泥盆世时实习区又演变为海洋环境。

6.2　实习区地层及岩浆岩空间分布特征及意义分析

冷家溪群、板溪群地层主要出露于实习区的北部(如丁字湾)，而泥盆系、白垩系地层主要出露于实习区的南部，同时实习区北部大面积出露燕山期花岗岩，而南部未见花岗岩出露，中部岳麓山南坡有石英斑岩脉出露，局部石英斑岩为半隐伏状，显示由北向南，岩浆岩出露规模变小的趋势。根据地层及岩浆岩在实习区出露的空间分布样式，结合区内没有三叠系、侏罗系地层的出露，而白垩系地层发生了倾斜的现象，可以推测认为，受大地构造活动的影响，燕山期实习区为大陆环境，实习区的燕山晚期后期后发生了不均匀的隆升，其北部隆升大于南部，形成了北部深处的岩浆岩和老地层的出露，南部没有岩浆岩和老地层的出露。

第七章　收获与建议

致谢

实习报告编写过程中，需要注意以下几点：

(1)一定不要抄袭。希望同学们能够把自己真正学到的东西写出来，并锻炼自己的归纳总结及写作能力，不要抄袭。对抄袭和被抄袭的实习报告作不及格处理。

(2)实习报告编排时，图、表要放置于相应地质现象描述语句之后，在描述语句之后添加相应图表的编号，并加括号，图表编号按其在相应章节中出现的次序进行，如描述语句为“在点……见斜层理(图3.1－2)”，其中“3.1”表示第三章第一节，“2”表示此图是第三章第一节中的第二张图。

(3)实习报告内的插图一定要包含图号、图名、标识、图例、方位、比例尺等，图号及图名置于整幅图的下方。

(4)报告内附表一定要包括表号、表名、表头，其中表头中有单位的内容则应标注单位，并注意表号及表名放在表的上方，如果表太长需跨页续表时，应在跨页续表上方加上“续表”字样，并在表的第一行添加表头。

第4章 野外观察路线

由于地质现象受其载体的控制，分布不均匀，并受地形、覆盖等要素的影响，受道路通畅及安全条件的约束，因此实习中观察到的地质现象有限。为了提高教学效率，在争取行程最短，能观察到的地质现象最多的前提下，将地质现象按观察路线进行归集。在实习中，观察路线和观察点，可以灵活进行组合。

4.1 观察路线一

1. 地点

湖南师范大学体育学院后山坡—万景园—穿石坡湖，各观测点位置见图4－1。

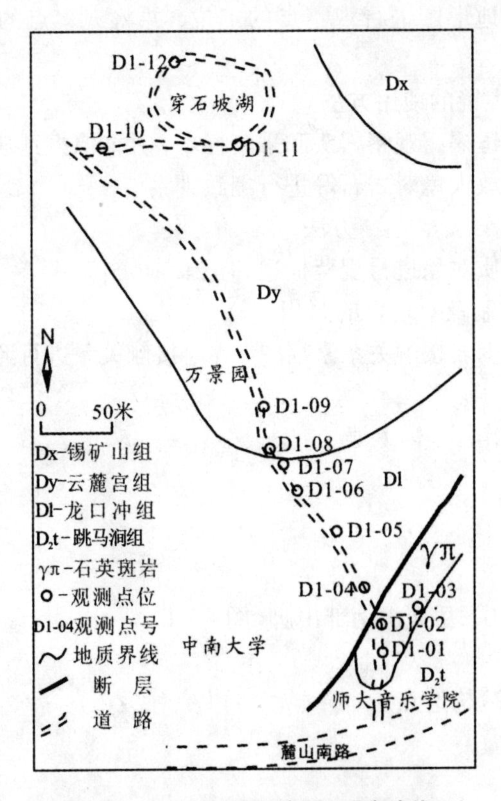

图4－1 观测点位置示意图(观察路线一)

2. 课时要求

6 学时(课内 4 学时、课外 2 学时)。

3. 目的要求

(1)认识浅成岩的特征，学习野外观察岩石的方法。

要求了解对侵入岩进行观察的主要内容，包括侵入岩出露规模、与围岩关系、产状、颜色、矿物成分、结构、构造。

(2)认识岩脉的产状(走向、倾向、倾角)及岩脉与围岩的接触关系。

要求掌握通过多个点的观察和沿岩脉的追索确定脉状地质体产状的方法。

(3)认识侵入接触关系及特征。

要求理解怎样判断岩体的侵入接触关系，认识冷凝边及烘烤现象。

(4)认识泥盆系沉积岩中的砂岩、页岩；认识层理(层理、页理)构造。

要求掌握区分砂岩和页岩以及层理和页理构造的主要标志特征。

(5)认识节理构造

要求掌握节理的主要判断依据。

(6)学习罗盘使用方法。

要求学会利用罗盘进行地理方向、面状或线状地质体的产状、地形坡度的测定。

(7)学习观察点的定位方法。

要求掌握利用罗盘和地形图进行观察点的定位，并将观察点的位置标注于地形图上的方法。

(8)学习地质锤和放大镜的使用方法。

要求能安全使用地质锤揭露观察露头和采集标本，并能掌握地质锤对于野外工作安全能起到的作用。要求能使用放大镜对岩石等进行细致观察。

(9)学习野外记录的格式、内容、方法。

要求对所观察到的地质对象进行规范描述和记录。

(10)学习素描图的绘制及对现象的照相。

要求绘制石英斑岩与围岩接触关系素描图，并对接触关系进行照相。

(11)了解标本采集要求。

要求理解采集标本的作用、标本编号方法等。

4. 主要观察点

第一观察点

点号：D1 －01

点位：师大体育系后山、岳麓山南部山脚(图 4 －1)。

坐标*：

点性：(1)岩性点；(2)构造点。

观察内容：

1)石英斑岩岩性特征

---

* 根据国家保密规定，坐标数据均不列出，但坐标数据是野外必记录项。

该点为石英斑岩出露点，观察并描述石英斑岩新鲜面颜色、风化面颜色；石英斑岩的物质组成、结构、构造特征及风化后岩石特征。

2）石英斑岩岩体形态及产状

观察并描述石英斑岩岩体的形态、产状及其围岩的时代、岩性。

该点处的石英斑岩岩体中发育小断裂，观察并描述小断裂的特征。

第二观察点

点号：D1－02

点位：王立子山，D1－01点向北约20 m。

坐标：

点性：(1)界线点；(2)构造点。

观察内容：

1)该点出露石英斑岩的围岩，围岩为中泥盆统跳马涧组(D_2t)紫红色中－薄层泥质粉砂岩，其下部和周围为石英斑岩。

观察并描述泥质粉砂岩与石英斑岩的接触关系。泥质粉砂岩靠近接触带处有宽约50 cm的褪色带，靠近石英斑岩的泥质粉砂岩由紫红色变为浅红色到灰色，此现象为烘烤现象，是石英斑岩岩浆侵入时岩浆热对紫红色粉砂岩烘烤所致，灰色部分称为烘烤边。石英斑岩靠近接触带处可见冷凝边，表现为近泥质粉砂岩处石英斑岩的颗粒变细；石英斑岩内靠近接触带处有泥质粉砂岩捕虏体。

知识点：

①岩体与围岩的接触关系：岩浆岩不论侵入到地下，还是喷出到地表，它们和周围的岩石之间都有明显的界限。如果岩浆沿着层理或片理等空隙侵入，常形成类似岩盆、岩床、岩盖等形状的侵入体，它们和围岩的接触面基本上和层理、片理平行，在地质学上称为整合侵入；如果岩浆不是沿着层理或片理侵入，而是穿过围岩层理或片理的断裂、裂隙贯入，这种情况被称为不整合侵入。

②烘烤边现象：岩浆侵入与围岩接触时，热量迅速扩散开，在侵入体与围岩的接触边界上，侵入体因迅速冷却产生冷凝边，而围岩因受热烘烤产生烘烤边。

2)观察断层

观察并描述该处断层的特征(产状、性质、上下盘岩性等)。

该处发育一断层，断层上盘(西侧)为石英砂岩，下盘(东侧)为紫红色泥质粉砂岩，沿断层面断续分布石英斑岩脉，石英斑岩发生了硅化蚀变。断层下盘的泥质粉砂岩由紫红色褪色为黄灰色(彩图1)。

3)观察节理

该点发育多组剪节理，观察并测量节理的产状、密度等。

第三观察点：

点号：D1－03

点位：湖南师范大学体育学院后山，上点向东，下坡约25 m。

坐标：

点性：1)岩性点；2)界线点。

观察内容：

1）石英斑岩与围岩(泥质粉砂岩)的接触关系在该点表现得更为明显。观察并描述石英斑岩与围岩的接触关系及接触面的特征(彩图2)，注意该点是断层接触关系还是侵入接触关系，或是二者兼而有之。

第四观察点

点号：D1－04

点位：湖南师范大学体育学院后山，第二观察点向北，约30 m。

坐标：

点性：1）岩性界线点。

观察内容：

1）岩性：石英斑岩、页岩

该点出露石英斑岩、页岩。观察并描述石英斑岩、页岩的特征。

2）接触界线：该点为石英斑岩与页岩的接触界线，点南为风化的石英斑岩，点北为页岩。

第五观察点

点号：D1－05

点位：湖南师范大学体育学院后山，第四观察点向西北，约50 m。

坐标：

点性：1）岩性点；2）构造点。

观察内容：

1）观察粉砂岩和页岩特征

该点出露粉砂岩、页岩。观察并描述粉砂岩、页岩的特征。

2）节理：分布于粉砂岩中，观察并描述节理的特征。

第六观察点

点号：D1－06

点位：湖南师范大学体育学院后山，第五观察点向西北约50 m。

坐标：

点性：1）岩性点；2）构造点。

观察内容：

1）互层状石英砂岩和页岩。

2）背斜：主要由岩层产状变化揭示，寻找该背斜存在的证据，并描述该背斜的特征。

3）背斜北翼发育剪节理，观察并描述节理的特征。

第七观察点

点号：D1－07

点位：湖南师范大学体育学院后山，第六观察点向西北，约20 m。

坐标：

点性：1）构造点。

观察内容：

1）观测该点岩石岩性，确定其名称，并与D1－06点的岩石岩性进行比较。

2）测量该点岩层的产状，结果为135°∠33°，将之与D1－06点处岩层产状(0°∠44°)比较，根据该相邻两点岩层倾向相反特征，推测D1－06、D1－07点之间为一向斜。

3)建立该向斜空中分布样式模型，并绘制其剖面示意图(图 4 -2)。

第八观察点

点号：D1 -08

点位：湖南师范大学体育学院后山，第七观察点向西北，约 10 m。

坐标：

点性：1)构造点。

观察内容：

1)寻找并说明 D1 -07、D1 -08 点之间为一背斜的证据(提示：观测岩层岩性及产状，并与上一相邻观察点所见比较)。

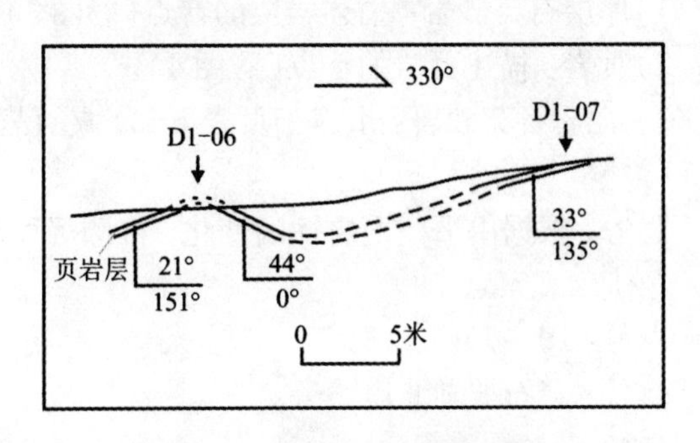

图 4 -2　由岩层产状推测褶皱

2)在图 4 -4 的基础上，沿北向延绘褶皱剖面示意图，补绘 D1 -07 至 D1 -08 点间的地质内容，并在延绘图上标注 D1 -08 点。

第九观察点

点号：D1 -09

点位：湖南师范大学体育学院后山，第八观察点沿路向西北约 280 m。

坐标：

点性：1)岩性界线点：为薄层石英粉砂岩与厚层石英砂岩的分界点。

观察内容：

点北为厚层石英砂岩，测量其出露宽度、产状并观察和描述其岩性；点南为含页岩夹层的薄层石英粉砂岩，观察其产状和岩性，并描述其特征。

第十观察点

点号：D1 -10

点位：万景园附近茶园。

坐标：

点性：1)岩性点：厚层石英砂岩；2)构造点：节理。

观察内容：

1)观察该点出露的厚层石英砂岩，仔细观察可找到其中隐约可见的平行层理，描述石英砂岩及平行层理的特点。

知识点：

平行层理与水平层理的区别：平行层理主要由平行的纹层状砂和粉砂组成，是在较强水动力条件下流动水作用的产物，出现于砂岩中；水平层理由相互平行，并且平行于层面的纹层组成，是在比较稳定的水动力条件下，由悬浮搬运物质沉积而成，出现于粉砂和泥质岩中。

2)该点发育剪节理，观察并描述其特点。

第十一观察点

点号：D1 -11

点位：穿石坡湖南岸小路旁。

坐标：

点性：1)岩性点：泥质石英砂岩、石英砂岩、页岩。

观察内容：

1)厚层石英砂岩：描述岩层的特点(彩图3)。

2)页岩：描述页岩的特点(彩图4)。

3) 泥质石英砂岩：出露于页岩下部，夹页岩，描述石英砂岩岩层的产状及岩性特征(彩图5)。

思考：根据由下到上岩性的变化，推测沉积环境的变化。

第十二观察点

点号：D1－12

点位：穿石坡湖北岸路旁。

坐标：

点性：1)岩性点：厚层石英砂岩；

2)构造点：多组节理。

观察内容：

1)岩性：观察厚层石英砂岩的岩性特征。

2)节理：观察两类不同节理发育程度、密度、节理面平整程度、光滑程度、连贯性、沿走向和倾向的延伸长度、充填物、含水性等特点，测量其产状(彩图6)。

5. 思考题

(1)罗盘上带铜丝的指针是南针还是北针？为什么要系铜丝？

(2)罗盘的上刻度盘 E(东)、W(西)标示为何与实际地理方位相反？

(3)石英斑岩属岩浆岩中的哪一类？为什么？

(4)什么是岩脉？有什么特征？

(5)侵入接触关系有哪几种？各自的特征是什么？

(6)相邻观察点所见地层中岩性相同，但倾向相反时，就一定是褶皱吗？为什么？

4.2 观察路线二

1. 地点

中南大学校医院东侧山坡小路及采石场，岳麓山靠近高家坪一侧，各观测点位置见图4－3。

2. 课时要求

6 学时(课内4学时，课外2学时)。

3. 目地要求

(1)利用罗盘测定断层产状的技能训练。

要求进一步训练罗盘的使用能力。

(2)认识泥盆系沉积岩中的夹层、透镜体构造。

要求从沉积岩中识别夹层、透镜体，并了解其对地层产状的指示意义。

(3)认识层面构造(层面、波痕)。

要求理解层面与层理的差异，对波痕要量测其走向，波峰高度，观察其形态，并理解这

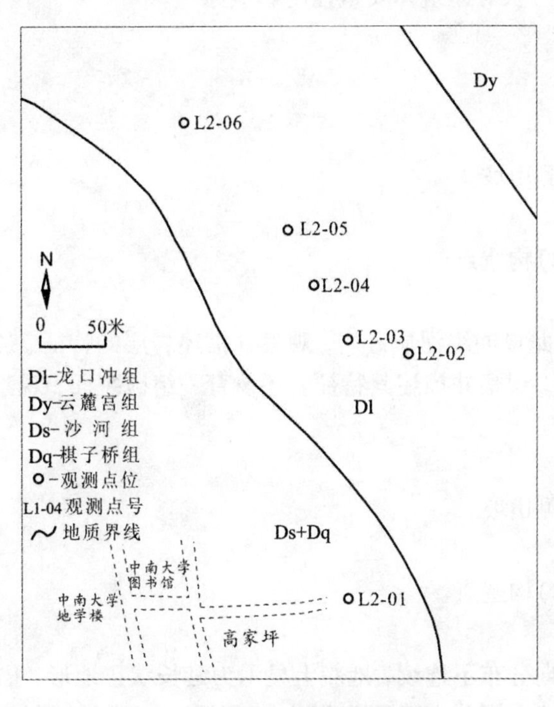

图4-3 观测点位置(观察路线二)

些参数指示的沉积环境意义。

(4)认识断层，学习断层的野外识别方法，认识断层岩、断层面、断层带并总结其特征。

要求观察岩层的连续性及破碎程度，测量断裂带的宽度、长度、延深、产状，观察充填物成分、断层角砾大小、形态、磨圆程度、胶结物成分及特征，识别断层两侧的标志层，断层破裂带两侧岩层的对应关系及变形(牵引现象)、断层面上的擦痕、阶步、摩擦镜面等构造。

要求初步掌握通过断层特征确定断层性质、初步判断断层断盘相对位移的方法。

(5)认识节理，确定节理的类型。

要求并注意观察不同类型节理面的特征，如节理面的平整程度、光滑程度、连贯性、沿走向和倾向的延伸长度、充填物、含水性等，测量节理产状(走向、倾向、倾角)及密度，如有充填物时要测量其宽度。

(6)从成分、结构、构造上认识砂岩、页岩。

要求总结两者存在的差异，并了解形成差异的原因。

(7)从定义出发结合砂岩、页岩在垂直方向上的变化(叠覆)认识层理与层面。

要求理解层理及层面构造的意义。

(8)测量岩层产状、岩层厚度，了解层理分类的原则，确定层理类型。

要求理解岩层的出露厚度、真厚度及垂直厚度的概念，了解如何利用层理和层面判断层序是正常还是倒转。

(9)观察波痕。

要求理解波痕的陡缓坡方向、走向对水流流向、古水岸及水动力环境的指示意义。

(10)观察岩层产状与地形坡向关系。

要求理解地质体的产状对建筑体安全性的影响原理。

4. 主要观察点

第一观察点

点号：D2 - 01

点位：高家坪北东侧山坡。

坐标：

点性：1)岩性点；2)构造点。

观察内容：

1)该点出露泥盆系龙口冲组泥质砂岩，观察并描述岩层的特征、岩石的特征。

2)发育两组剪节理，观察并描述其特征。还发育一组破裂面，观察并描述其特征。

第二观察点

点号：D2 - 02

点位：高家坪北东侧山坡。

坐标：

点性：1)岩性点；2)构造点。

观察内容：

1)石英砂岩，沿走向分布不连续，地貌上显示为延长状正地形，描述其出露特点。

2)页岩：为透镜体或夹层分布于石英砂岩中(彩图7)，也处于断层上盘。

3)断层岩：观察并描述断层岩的特点(彩图8)。

4)断层：观察断层处地形特点、上下断盘的岩石岩性特征、断层面特征，测量断层产状，明确断层性质。

第三观察点

点号：D2 - 03

点位：高家坪北东侧山坡，距D2 - 02点向西约50 m。

坐标：

点性：1)构造点。

观察内容：

1)断层：观察并描述其特征，包括小型陡崖地貌、断面及其发育的两组擦痕，观察并描述这两组擦痕的特征，判断这两组擦痕生成的先后顺序。

由D2 - 01点到本点，沿路存在一近东西走向的沟谷，其走向基本与岩层走向一致。在本点，可观察到北侧为陡崖，南侧为沟谷，并被第四系浮土覆盖，可推断该沟谷为一断层，断层的北盘为泥盆系石英砂岩，而南盘为第四系坡积物。

知识点：

擦痕产状：由侧伏方向及侧伏角描述。

侧伏角：线状地质体(或构造)与其在水平面上投影线间的锐夹角。

侧伏方向：线状地质体(或构造)向下延伸的空间指向，如擦痕的侧伏方向是其在水平面上投影线所指示擦痕向下倾斜的方位。

第四观察点

点号：D2 - 04

点位：高家坪北东侧山坡处小沟。

坐标：

点性：1）岩性点；2）构造点。

观察内容

1）岩性：观察互层状灰色泥质粉砂岩与页岩岩性特点。

2）波痕：呈带状分布于小沟底的岩层面上（彩图9），观察波痕的特点，测量其走向和密度、波峰高度，依据波痕特征判断该处地层层序。

3）印模和重荷模：分布于波痕露头小沟北侧岩壁的小洞顶上，砂岩夹一薄层页岩，重荷模表现为几个向下的凸出体（彩图10）。

知识点

层面构造：分布于沉积岩层面上由沉积作用发生时其他自然作用所形成的痕迹，其特征常可反映沉积环境和层序。如本观察点所见波痕和重荷模，其特点均指示地层为正常层序。

4）节理：分布于上一观察点向西约10 m处，在泥质粉砂岩中发育格子状分布节理，共有三组，节理内为黄色硅质泥岩充填，充填物高出岩层面。

知识点

差异风化：由于岩石中矿物成分或结构构造的差异，在相同的时间和风化条件下，岩石各部位或岩石间风化速度和风化程度不同，抗风化能力强的部分岩石相对凸起，抗风化能力弱的则凹入。如本点由于节理中充填物较其围岩抗风化能力强，导致节理充填物形成向上凸起的脉条。另由于充填物含铁较高，呈现为黄色。

第五观察点

点号：D2－05

点位：教工一舍北东侧，丁文江墓东侧。

坐标：

点性：1）岩性点；2）构造点。

观察内容

1）岩性：泥盆系互层状石英砂岩、页岩，观察并描述岩性变化，并由此推断沉积环境的变化，测量地层产状。

2）断层：断层由垂直其走向剖面揭露，观察并描述断层规模，特别注意上盘岩石发生的拖曳现象，由拖曳方向判断断盘相对位移的方向，确定断层性质。识别断层上、下盘地层标志层，由之判断断层的断距。测量断层产状，绘制断层剖面素描图。

第六观察点

点号：D2－06

点位：中南大学教工一舍东侧。

坐标：

点性：1）岩性点；2）地质灾害点。

观察内容

1）石英砂岩及泥质粉砂岩呈薄层状出露，测量并描述其产状。

2）岩层倾向与地形坡向关系。该剖面为人工揭露的剖面，剖面走向垂直岩层走向，因此可观察到岩层向北倾，地形坡向向南，两者倾向相反，该剖面未修建护坡。与之垂直的另一剖面，则修建了护坡。

分析这两种情况，理解岩层产状与地形的关系对是否修建护坡的影响作用，并进一步理解地质体特征对地质灾害产生的可能影响。

5. 思考题

(1)什么是层理？主要的层理识别标志有哪些？

(2)什么是节理？层理与节理有何差异？（从成因、特征、力学性质等方面考虑）

(3)砂岩、页岩有何不同？

(4)野外认识断层存在的标志有哪些？

(5)只测定了面状地质体的走向是否就可确定其倾向呢？为什么？

(6)测量地质体产状的意义是什么？举例说明。

(7)面状地质体是否也有侧伏？

4.3 观察路线三

1. 地点

湖南师范大学音乐学院后山，各观测点位置见图4－4。

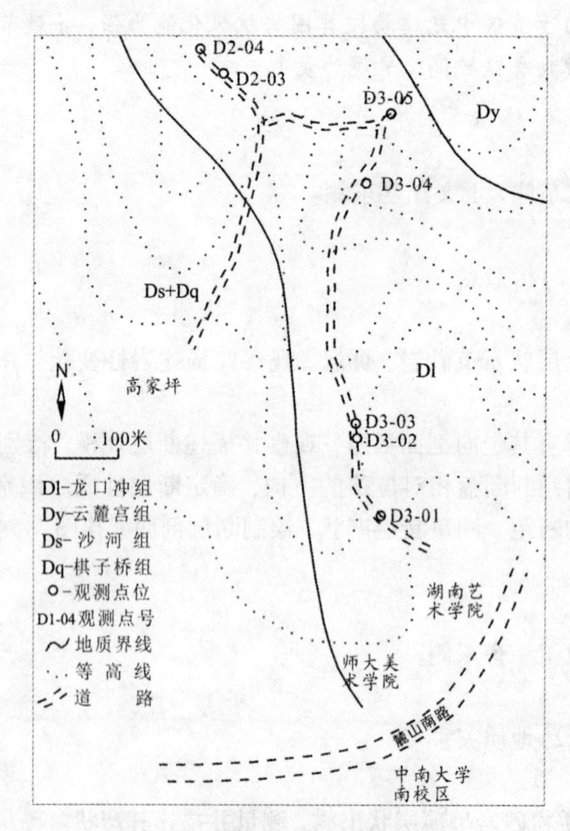

图4－4 观测点位置(观察路线三)

2. 课时要求

8 学时(课内外各 4 学时)。

3. 目地要求

(1)继续罗盘使用技能训练。

(2)认识褶皱。

要求理解褶皱的多样性。

(3)认识断层及断层面构造(擦痕、线理、阶步)。

要求通过断层面构造特征，确定断层性质及两盘相对位移方向。

4. 主要观察点

第一观察点

点号：D3－01

点位：湖南师范大学音乐学院排演厅西侧山坡。

坐标：

点性：1)岩性点；2)构造点。

观察内容：

1)岩性：该点出露泥盆系互层状黄色砂岩和浅灰色页岩，对之进行观察和描述，测量岩层产状。

2)顺层断层：表现为陡崖地貌，观察断面与层面关系，进行断层特征描述。

第二观察点

点号：D3－02

点位：上点向北约 300 m。

坐标：

点性：1)岩性点；2)构造点。

观察内容：

1)岩性：该点出露薄层石英粉砂岩，观察并描述岩层特征、岩石特征。

2)小型褶皱及其转折端：该点 10 m 范围内可见多个产状不同的石英粉砂岩露头，沿岩层走向可观察到岩石发育连续褶皱，观察并描述该褶皱的特征。

第三观察点

点号：D3－03

点位：上点向北约 30 m，小路西侧坡下。

坐标：

点性：1)岩性点；2)构造点。

观察内容：

1)岩性：该点出露石英砂岩，观察其岩性，测量岩层产状。

2)断层：石英砂岩中发育两条断层，测量断层面产状。重点观察和描述断面的平直程度、断层面上的擦痕、阶步以及摩擦镜面特征。本点可观察到两组擦痕和一组阶步，确定擦痕和阶步性质，并据此判断的活动期次和两盘相对位移方向。

知识点：

摩擦镜面：当断层在硬度高的脆性岩石中发育时，两盘相对位移的摩擦使断面局部表现为光滑平直，其光泽度明显高于断盘岩石的摩擦面。摩擦镜面是断层的判定标志之一。

擦痕：根据成因分为冰川擦痕和断层擦痕，本点观察到的是断层擦痕，其定义为断层面上一组比较分布的细小平行沟槽，是断层两盘岩石磨碎的坚硬碎屑随断盘的相对位移而在断层面上刻划所致，擦痕常显示为两端粗浅不一，由粗而深端向细而浅端的方向指示为对盘运动方向。也有的擦痕表现为新生矿物为纤维状定排列，这是由于摩擦时两盘岩石受热后的矿物重结晶或后期热液作用所致此时可称之为线理。一般擦痕的单体宽度为毫米级，当其宽度达厘米级时可以称为擦槽。

阶步：在断层面上出现的微细陡坎，其形态类似一级楼梯，由两个相互垂直的平面组成，一个面平行于断层面，另一面垂直或斜交于断层面，其延伸方向与断层相对位移方向垂直，该面高度为毫米级。当一面与断层面垂直，且面粗糙度较高时称为正阶步，斜交时称为反阶步。对正阶步，顺阶步下梯方向擦示对盘移动方向，对反阶步则指示本盘移动方向。

第四观察点

点号：D3－04

点位：上点向北约550 m的山脊小路。

坐标：

点性：1）岩性点；2）构造点。

观察内容：

1）岩性：该点为泥盆系互层状页岩粉砂岩，观察和描述岩层特征，观察岩层产状变化。

2）褶皱：认识标志层，并根据标志层产状的变化确定褶皱，并描述此褶皱的特点。

知识点：

标志层：指一层或一组具有独特的化石和颜色、岩性、结构特征且易于识别的岩层或地层，可将之作为标准以判断地质年代、层位及岩性。

第五观察点

点号：D3－05

点位：上点向北约120 m。

坐标：

点性：1）岩性点；2）构造点。

观察内容：

1）岩性：该点出露泥盆系页岩，沿路观察页岩产状的变化，在该点的南、北两端测量岩层产状。

2）褶皱：该点褶皱的确定由从上点到本点沿路观察页岩产状的变化而确定，该点南、北两端页岩岩层产状发生明显变化。绘制上点到本点的信手剖面图，帮助理解根据岩层产状确定褶皱，并确定该褶皱的类型。

5. 思考题

（1）断层的分类及野外识别特征。

（2）如何利用断层面构造判断断盘相对位移方向及断层类型？

（3）标志层的作用有哪些？

(4)褶皱的野外识别特征。

4.4 观察路线四

1. 地点

桃花岭－梅溪湖，各观测点位置见图4－5。

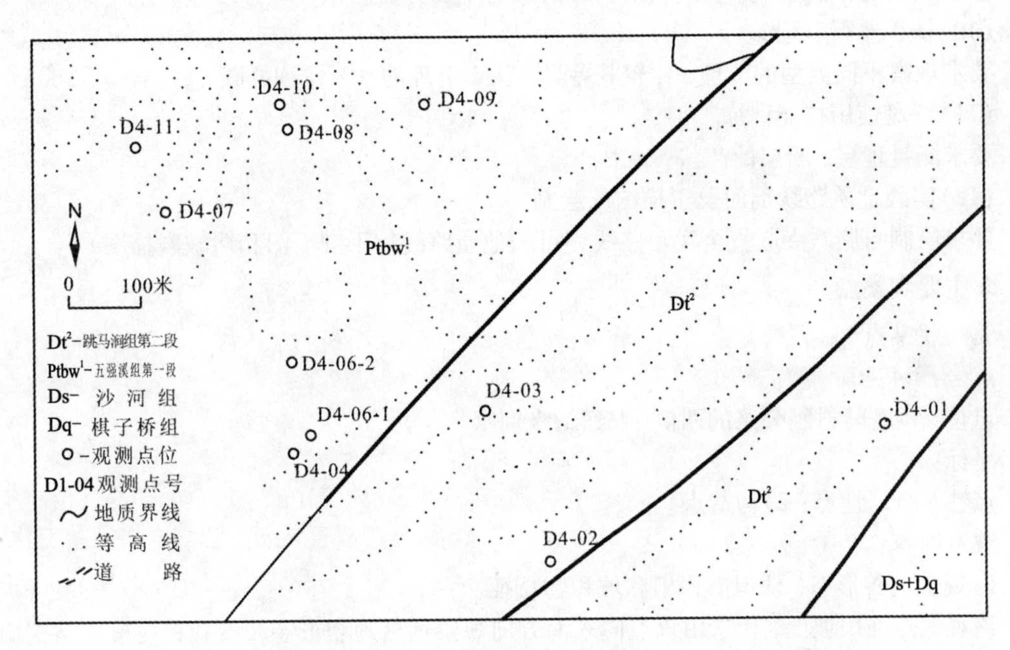

图4－5 观测点位置(观察路线四)

2. 课时要求

8学时(课内外各4学时)。

3. 目地要求

(1)认识洪积扇、坡积物。

要求了解洪积扇地貌及坡积物特点和影响因素。

(2)认识板溪群地层及主要岩石类型。

要求了解地层单位“群”的内涵。

(3)认识角度不整合接触关系。

要求了解角度不整合的确定依据。

(4)认识沉积岩中的沉积夹层、斜层理。

要求理解沉积夹层、斜层理对地层产状、层序的指示意义。

(5)认识砾岩。

要求观察砾岩特征，比较砂岩与砾岩的差别，掌握砾岩描述的方法。

(6)认识大型褶皱。

要求理解大型褶皱的确定依据，确定桃花岭—绿娥岭大型背斜。

(7)认识差异风化现象，认识山脊及山谷地貌。

要求理解岩性与构造及差异风化作用对地貌的影响。

(8)认识平移断层。

要求掌握判断平移断层的主要方法，比较其他断层的识别方法。

(9)认识倒转褶皱。

要求识别倒转褶皱，并掌握判断倒转褶皱的主要方法。

(10)认识雁行节理。

要求观察不同类型的节理，比较其差异，认识节理的雁行排列样式。

(11)罗盘使用技能训练。

要求测量地层、断层的产状。

(12)实践地质路线剖面及素描图的绘制。

要求绘制自腊八寺起直至实习路线终点的地质路线信手剖面图和褶皱素描图。

4. 主要观察点

第一观察点

点号：D4 - 01

点位：桃花岭村级公路的西侧(未到新修别墅)。

坐标：

点性：1)岩性点；2)构造点。

观察内容：

1)观察地貌形态，认识洪积扇和坡积物特征。

该观察点在山坡上，要求由该点向东南方向观察远处地貌形态及变化；观察公路剖面揭露的小丘物质组成及特征。该小丘为坡积物组成，其中石英砂岩巨砾、砾、砂、土混杂，其来源为山坡上的Dt^2和$Ptbw^2$的石英砂岩、变质石英砂岩及杂土等，磨圆差、分选差，未胶结。此类堆积物受山洪影响，被冲到沟中，沿沟延伸分布，呈扇锥状，在洪积锥的前缘出露一系列的湖塘，为洪积锥前缘地下水渗出所致。

知识点：

坡积物：岩石的风化碎屑，被流水或自身的重力作用从高处搬运到平缓的斜坡或坡脚处而沉积下来的物质，其成分与坡上的残积物基本一致。

洪积物：由间歇性洪水将山上碎屑物质搬运到沟溪沟口堆积下来的沉积物，具有粒粗、分选差、磨圆度低的特点，分布于洪积扇中。

洪积扇：由洪流在山地冲沟口处堆积成的扇形地貌。

第二观察点

点号：D4 - 02

点位：桃花岭董家老屋西侧山坡。

坐标：

点性：1)岩性点；2)构造点。

观察内容：

1)岩性：该点出露紫色粉砂岩，夹灰色粉砂岩透镜体。

2)共轭节理：(彩图 11)，了解判断共轭节理的依据(同时形成，即没有相互错断，节理形成两对顶角)；进行节理产状测量。

3)剪节理：测量节理产状及密度，观察其平直延伸的特点。

第三观察点

点号：D4－03

点位：桃花岭南向小路旁。

坐标：

点性：1)岩性点；2)构造点。

观察内容：

该点的观察应由南向北对小路东侧出露的岩性剖面进行观察。

岩性：泥盆系紫红色砂岩，节理发育，测量岩层产状。

构造：该点可观察到山沟与山脊，在东侧的岩石中观察紫红色砂岩中的石英细脉带，其走向与山沟走向一致，测量细脉产状和密度。理解该现象是断层旁侧的次级裂隙构造的表现。

第四观察点

点号：D4－04

点位：桃花岭风车口。

坐标：

点性：1)界线点；2)岩性点；3)构造点。

观察内容：

该点为桃花岭的山脊，观察可从东向西沿山脊进行。

1)板溪群地层与泥盆纪地层的分界。

该点的南东山坡为泥盆系跳马涧组第二段的紫红色砂岩(见点 D4－03)，北西侧出露板溪群五强溪组第一段厚层白色石英砂岩，表现为山脊地貌，测量岩层产状。

2)根据地层产状确定板溪群地层与泥盆纪地层的接触关系。

3)观察岩性：观察板溪群厚层白色石英砂岩中的砂砾岩夹层，理解沉积夹层确定岩层产状的标志意义。分别观察和描述泥盆系砂岩和板溪群砂岩的特征，比较两者的差别。

4)观察岩性变化：分别从垂直和水平方向上理解岩性变化对沉积环境及条件变化的指示，该处出现砂岩中有数层砂砾岩层的现象，说明水深变化较为频繁，沉积时其应处于近岸环境。

5)观察斜层理：板溪群厚层白色石英砂岩中发育的斜层理，根据其与上下层面的关系确定板溪群地层是正常还是倒转层序。

6)观察山脊地貌及与岩层的关系：山脊为板溪群厚层石英砂岩并有砾岩夹层分布区，二者走向一致，山脊一侧山坡为泥盆系跳马涧组的紫红色粉砂岩，另一侧为板溪群的薄层浅变质砂岩、页岩，比较山脊与山坡地貌与不同岩石分布的关系，理解富石英岩石更耐风化形成山脊，而其他岩石形成山坡。

7)观察横(平移)断层：该处没观察到断层面，观察板溪群厚层白色石英砂岩延走向在垭口处发生错断，其东北侧岩层向南移，弯曲牵引，西南侧岩层向北错移；结合由上点到垭口距离越近，石英脉密度和宽度越大的现象，说明断层存在，由于断层两盘地层走向垂直断层走向，并发生相对位移，因此为平移断层。

8）观察差异风化：山脊垭口处正是断层分布处岩石破碎，易风化，形成垭口。

9）观察雁行节理：板溪群厚层白色石英砂岩中发育雁行石英脉，为雁行节理，为后期石英充填所致（彩图12），理解雁行节理形成的原因以及其对剪切方向的指示意义。

知识点：

1）理解地貌特征与构造的关系：

单面山：即山体一侧山坡坡面为单斜岩层的层面，且倾角小于45°，山体另一侧山坡坡面较陡，实习区的古人塘、父子洼儿沟一带的低山，属这一类。

猪背山：山体一侧的山坡坡面为单斜岩层的层面，但坡角大于45°，且山体两侧的坡角大体相同，两坡坡面均很像猪背，桃花岭即为猪背山。

断层谷：风车口至腊八寺地貌上为一谷地，结合风车口及腊八寺口的地质现象（地层走向上的中断、牵引现象等），腊八寺沟为一横向平移断层，该谷地为断层谷。

2）雁行节理：一组呈雁行式斜列的节理。

第五观察点

点位：桃花岭风车口向西约100 m，山脊北东侧。

坐标：

点性：1）地层界线点；2）角度不整合接触关系。

观察：

1）观察板溪群地层与泥盆系地层分布。

2）测量板溪群地层与泥盆系地层的产状，推定两者不整合接触关系，理解受植被或第四系覆盖物的影响，接触关系实际上有时并不能直接观察到，需要由其他证据对其进行推定。

3）岩性：观察板溪群地层与泥盆系地层岩性特征，注意比较二者岩性特征的差别。

第六观察点

点号：D4－06

点位：桃花岭山下，沟边，腊八寺沟北侧公路剖面。

坐标：

点性：1）岩性点；2）构造点。

观察内容：

1）观察该点板溪群浅变质泥质板岩、变质黄色粉砂岩的分布及岩性。

2）褶皱：寻找桃花岭北侧山坡为一褶皱的证据，对岩层产状进行测量，并绘制该褶皱的剖面示意图。

第七观察点

点号：D4－07

点位：桃花岭山下公路剖面。

坐标：

点性：1）岩性点；2）构造点；3）地貌点。

观察内容：

1）由此点开始沿公路（300°方向）进行实测剖面训练，或进行信手剖面绘制训练。

2）褶皱

该点为腊八寺沟北侧，为桃花岭—绿娥岭背斜核部的位置，局部可观察到次级褶皱，因此该背斜应为一复式背斜，理解该褶皱的判断依据。

3）腊八寺沟为一北东走向的谷沟，分布于背斜核部，为背斜谷（背斜转折端处为谷地的地貌）。

第八观察点

点号：D4－08

点位：桃花岭山下公路剖面。

坐标：

点性：1）岩性点；2）构造点。

观察内容：

1）岩性：该点出露灰白色泥质粉砂岩，可观察到微层理构造。观察并描述岩性特征及微层理特征。

2）背斜：该点见一小型背斜，描述其特征，并理解该小型背斜分布于桃花岭—绿娥岭背斜的北翼，由于这些小型褶皱的存在而确定桃花岭—绿娥岭背斜为一复式背斜。

3）节理：描述其特征。

第九观察点

点号：D4－09

点位：腊八寺东侧公路剖面。

坐标：

点性：1）岩性点；2）构造点。

观察内容：

1）岩性：该点出露板溪群青灰色板岩，发育微层理，观察并描述岩层特征、岩石特征、微层理特征。

2）断层：该点发育一顺层断层，表现为岩石呈带状破碎。理解判断该处为顺层断层的依据，并对该断层的特征进行描述。

第十观察点

点号：D4－10

点位：腊八寺西侧公路剖面。

坐标：

点性：1）岩性点；2）构造点。

观察内容：

1）该实测剖面可观察到不同的岩石（彩图13），描述不同岩石特征，理解这些岩性变化对沉积环境的指示意义；测量岩层产状，发现岩层的重复及产状变化，并理解其构造意义。

2）褶皱

该剖面的褶皱以岩层重复为依据，观察岩层产状变化，确定为一背斜。作剖面素描图。

第十一观察点

点号：D4－11

点位：腊八寺西侧公路剖面。

坐标：

点性：1）构造点。

观察内容：

1）褶皱：可观察到两个褶皱，一个分布于道路西侧剖面，为由板溪群岩层的灰白色石英砂岩和紫红色砂岩组成的小型褶皱，以紫红色砂岩为标志层，可观察到褶皱沿轴向发生的向北的偏转（彩图 14），其原因是后期断层叠加，褶皱被其破坏，理解构造变形的复杂性。

另一褶皱出露于公路东侧远处陡崖壁，由砂岩构成，在背斜核部见小型背斜和向斜，北端为背斜，背斜转折端处发育断层，并向南转变为小型向斜（彩图 15），为一复式褶皱。

另外在该点学习对远处岩层产状进行粗略测量的方法。

2）断层：破坏上述褶皱的断层，其走向为北东向，为倾角较缓的断层，断层导致了褶皱轴的偏转。

第十二观察点

点号：D4－12

点位：桃花岭公路剖面。

坐标：

点性：1）构造点。

观察内容：

1）褶皱：由板溪群五强溪组地层组成，可观察到连续的背斜和向斜。测量褶皱翼部岩层产状，并确定褶皱枢纽的走向。

2）断层：可观察到两条断层，观察断层两侧的羽状节理，并由此判断断盘的相对运动方向。（思考：在此处为什么不用“锐夹角指示对盘运动方向”原则来判断断盘相对运动方向？）（彩图 16）

3）破劈理：发育在北侧断层中的泥岩中（彩图 16），测量其产状。

知识点

破劈理：岩石中一组密集的平行破裂面构造，以其密集性、单体延伸短的特征与节理相区别。

流劈理：岩石中由矿物平行排列而导致岩石易于劈开成薄板状的密集平行面状构造。

微劈石：两相邻劈理面间的薄状岩石。

第十三观察点

点号：D4－13

点位：王家湾西二环辅道西侧山脚。

坐标：

点性：1）构造点；2）岩性点。

观察内容：

1）尖棱褶皱：山脚下剖面可见褶皱，褶皱由泥盆系砂岩和泥质粉砂岩构成（彩图 17）。观察并描述褶皱的形态，绘制素描图，理解褶皱类型确定的标准。

2）层间褶皱：出露于山顶，为不规则层间褶皱，由泥盆系薄层粉砂质泥岩和砂岩组成，其东南端（下部）为一小型倒转背斜、倒转向斜，其北西端（上部）为一小型正常背斜和向斜（彩图 18），褶皱轴迹走向与岩层走向平行。该褶皱分布于地层层间，上覆砂岩，称为层间褶皱。

3)断层：山脚及山顶剖面可见断层，山脚剖面中可见数条断层，观察其特征，测量其产状。山顶断层分布于上述褶皱下部，断层面与褶皱上方层面平行。

4)泥盆系地层。

山顶小路垂直于地层走向，在路面上可观察泥盆系地层中砂岩和页岩的互层，进行岩层实测剖面练习，理解沉积岩岩性变化的地质意义。

5. 思考题

(1)褶皱有多种类型，为什么要分多种类型？

(2)哪些因素会影响褶皱的形态？

(3)大型褶皱的主要判断依据有哪些？

(4)断层谷与背斜谷是如何形成的？

(5)如何识别不整合接触关系？

(6)腊八寺为什么成为洼地？为什么洼地为近似圆形？与地质构造有什么关系？(注意背斜谷与断层谷的交会部位为腊八寺)。

(7)为何桃花岭—绿娥岭背斜北翼发育大量小型褶皱，而南翼不发育小型褶皱？

4.5 观察路线五

1. 地点

芙蓉北路、丁字湾采石场、山水新城、桐梓坡，各观测点位置见图4-6。

2. 课时要求

12学时(课内外各6学时)。

3. 目地要求

(1)认识冷家溪群地层及片岩岩性特征。

要求理解冷家溪群地层与板溪群地层的差异及关系，掌握片岩观察和描述内容。

(2)认识片理构造。

要求掌握片理的识别标志，并利用罗盘测量片理产状。

(3)认识褶皱。

要求确定该点的褶皱类型和数量，观察组成褶皱地层的岩石特征。

(4)认识波痕、沟模、重荷模构造和微层理构造。

要求根据波痕、沟/槽模、重荷模构造判断岩层的顶底面及水流方向。根据微层理确定岩层产状。

(5)认识石英脉。

要求掌握观察和描述石英脉的方法，根据石英脉的特征确定裂隙的性质。

(6)认识断层面构造，包括断层摩擦面、擦痕、阶步。

要求根据断层面构造特征确定断层的类型、断盘相对位移方向，测量断层产状。

(7)认识风化花岗岩。

要求了解风化花岗岩的观察和描述要点，理解风化产物特征差异的原因。

(8)认识花岗岩、伟晶岩。

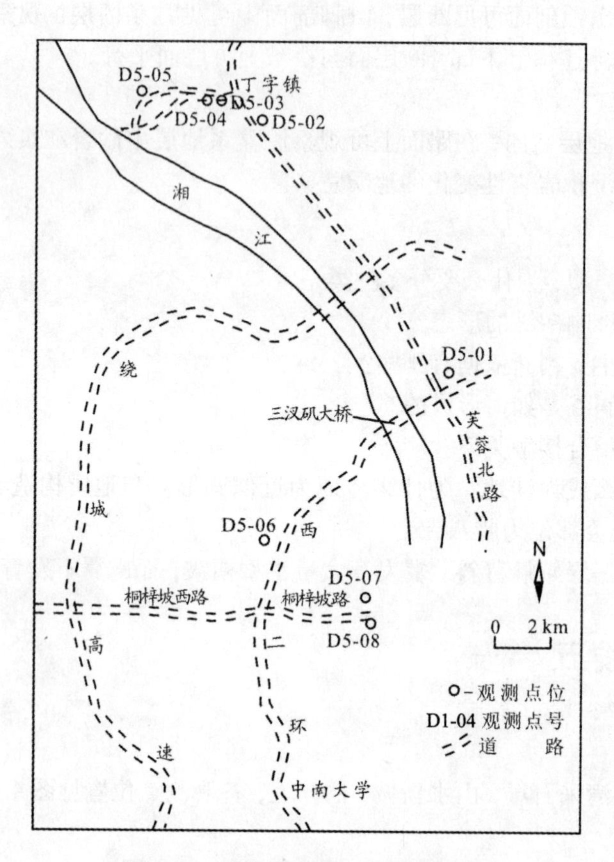

图4-6 观测点位置(观察路线五)

要求比较花岗岩和伟晶岩的岩性特征差异。

(9)认识侵入岩体的产状。

要求掌握侵入体常见的产状，并比较其与沉积岩产状的差异，测量岩脉产状。

(10)认识捕虏体。

要求掌握观察和描述捕虏体的主要内容，包括捕虏体的颜色、形态、大小、排列方式、矿物成分、结构构造等，绘制捕虏体素描图。理解认识捕虏体的意义。

(11)确定岩体与围岩的接触关系。

要求观察和描述岩体与围岩接触界面的特征，掌握确定侵入关系的主要依据，绘制侵入关系素描图。

(12)认识岩浆活动期次关系。

要求认识岩体的穿插关系，能够根据岩浆岩的穿插关系确定岩浆活动的期次。绘制穿插关系素描图。

(13)认识构造透镜体。

要求观察和描述构造透镜体的主要内容，包括透镜体的分布和排列方式，形态、大小、岩性、围岩，并可根据透镜体的产状确定古应力方向。

(14)观察共轭节理。

要求测量共轭节理的产状，掌握根据共轭节理确定古应力方向的方法。

(15)观察古湘江河流沉积物特征及阶地。

要求观察和描述古湘江河流沉积物特征及二元结构，比较古湘江沉积物与现代湘江沉积物特征和结构的差异，理解产生差异的原因，理解阶地的概念。绘制二元结构素描图。

4. 主要观察点

第一观察点

点号：D5－01

点位：芙蓉北路与三汊矶大桥交界处的北东角。

坐标：

点性：1)岩性点；2)构造点。

观察内容：

1)岩性：该点出露板溪群土黄色含粉砂质绢云母板岩和灰色硅质板岩。

2)波痕：在土黄色粉砂绢云母板岩的数个层面上可观察到对称波痕(彩图19)，对该处波痕的形态参数(波长、波高)进行测量和描述，比较低层位层面的波痕与高层位波痕的特征差异，并理解其意义。

3)断层摩擦面及擦痕：露头的陡壁上出露断层摩擦面，并有大面积的断层擦痕发育，测量断层面产状和擦痕产状，推断断层类型。

4)微层理：硅质板岩中发育微层理，该点的北侧及南侧硅质板岩中均可见，测量微层理产状，可知两侧微层理产状相反。

5)褶皱：不能直接观察到褶皱，但观察点南侧和北侧岩层产状相反，显示为背斜。

6)节理：发育多组节理，对节理进行测量，并判断节理性质。

7)石英脉：地层中发育石英脉，观察和描述石英脉特征。

8)球状风化：只发育在厚层的灰色硅质板岩中，表现为岩石露头呈上凸的曲面。

9)断层面构造：发育于灰色板岩中，顺层断层面上发育由石英组成的阶步，测量断层产状，观察阶步特征，并根据阶步判断断盘相对位移方向。

第二观察点

点号：D5－02

点位：芙蓉北路中南林业科技大学涉外学院对面的生态酒店北侧山下。

坐标：

点性：1)岩性点；2)界线点。

观察内容：

1)风化花岗岩(彩图20)：观察和描述风化花岗岩的特征。

2)岩脉：数条白色岩脉呈脉状侵入到风化花岗岩中，构成岩脉带(图5－26)，认识岩脉与围岩的侵入接触关系，判断岩浆活动期次。

3)沉积接触关系：第四系地层呈水平状覆盖于岩体上部，二者为沉积接触关系。

第三观察点

点号：D5－03

点位：丁字湾公路旁。

坐标：

点性：1）岩性点；2）构造点。

观察内容：

1）冷家溪群云母片岩：分布于公路一侧，观察云母片岩的岩性特征，认识片理构造，测量片理产状，沿剖面可观察到片理产状的变化，片理弯曲变形为平卧宽展褶皱。

2）风化花岗岩和伟晶岩：分布在该剖面北端，观察风化伟晶岩的岩脉产状和与围岩的侵入接触关系；分别对风化花岗岩和伟晶岩的岩性特征进行描述。

3）侵入接触关系：花岗岩和伟晶岩侵入至片岩中，接触界面呈凹凸不平状，顶部接触面为近水平状，侧部为倾斜状，观察片理产状与接触面的近似平行关系，理解岩浆侵入对岩石的力学影响作用。绘制侵入接触关系素描图。

第四观察点

点号：D5－04

点位：丁字湾公路民居。

坐标：

点性：1）岩性点；2）构造点。

观察内容：

1）冷家溪群云母片岩：片岩已风化，但仍保留其结构和构造特征，测量片理产状，比较风化片岩与原岩的差异。

2）风化花岗岩：该点为风化灰白色花岗岩。

3）侵入接触关系：观察花岗岩枝和岩脉侵入到冷家溪云母片岩中，花岗岩超覆于片岩之上以及岩脉顺片理侵入的现象（彩图21），该剖面还可观察到另两条侵入于片岩中的岩脉，测量岩脉产状，绘制花岗岩与片岩的侵入关系素描图。

4）烘烤边：观察与岩体近相邻处的片岩发生重结晶的现象，颜色变为深灰色，致密及硬度程度较远离岩体的片岩明显增高，片理程度变弱，是岩浆侵入时对片岩进行“烘烤”，片岩发生重结晶变质，岩石实际已由片岩变为角岩。

5）石英脉：观察数条石英脉沿片岩片理的分布，石英脉或呈透镜状或为脉状，构成石英脉带，观察并描述石英脉的特征，理解透镜状石英脉对古应力方向的指示。

第五观察点

点号：D5－05

点位：丁字湾公路采石场。

坐标：

点性：1）岩性点；2）构造点；3）界线点。

观察内容：

1）黑云母花岗岩：描述黑云母花岗岩的颜色、组分、结构、构造等岩性特征。

2）二长花岗岩：只在局部可见，呈岩脉状，观察二长花岗岩与黑云母花岗岩的接触关系，观察二长花岗岩的岩性特征。

3）伟晶岩：观察和描述伟晶岩与二长花岗岩、黑云母花岗岩的接触关系以及岩性特征，并观察和测量伟晶岩的产状，比较伟晶岩与黑云母花岗岩的岩性特征差异。

4）认识和观察伟晶岩中的电气石，并比较电气石与黑云母的特征。

5）捕虏体：认识和观察黑云母花岗岩中的捕虏体特征，掌握对捕虏体观察和描述的主要内容，包括其大小、形态、组分、结构构造、与围岩接触面等特征(彩图22)。此观察点的捕虏体原岩为冷家溪群的片岩，被岩浆捕虏后，受热发生变质，形成片状变晶结构，变余片理构造，有的已熔融形成花岗结构。

6)沉积接触关系：观察第四系的沉积物直接覆盖在岩体之上的现象，沉积物无变质和固结，岩体晚于被侵入围岩的时代，早于上部沉积岩层的时代。

7)侵入体期次关系：观察并判断黑云母花岗岩、二长花岗岩、伟晶岩的期次关系，并进行排序。

8)节理：观察花岗岩体内发育的节理，了解其平坦程度、延伸、延长及充填情况，确定节理分组，测量其产状，测量节理密度(条/米)；理解节理面对花岗岩开采的有利和不利作用。

9)线理、阶步：观察一些沿剪节理滑移面上的由绿泥石、石英构成的线理和阶步。

10)流面构造：采场西侧局部可见不甚清晰的流面构造，由斜长石斑晶定向排列构成，流面向北东倾伏，理解流面构造对岩浆侵入方向的指示作用。

知识点：

1)观察丁字湾岩浆岩地质图(图4-7)，理解岩体侵入、接触关系及岩体产状在地质图上的反映。

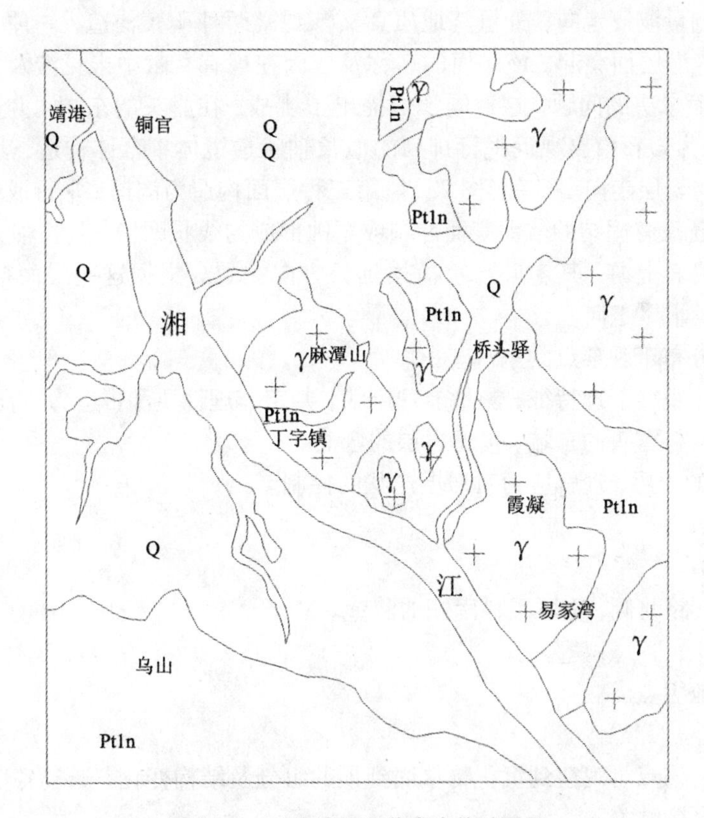

图4-7 丁字镇望湘花岗岩体地质图

Q—第四系河流相沉积；Pt1n—元古界冷家溪群石英云母片岩；γ—黑云母二长花岗岩

2)流线构造：岩浆在流动过程中柱、板状矿物或捕虏体呈定向排列所形成的构造。该构造主要发育在岩体的顶部或边缘，平行于岩浆的局部流动方向。

流面构造：岩浆流动过程中片状、板状矿物或扁平捕虏体呈面状定向排列形成的面状构造，同样主要分布于岩体的顶部或边缘，并平行于岩体与围岩的接触面，可指示岩浆的局部流动方向。

花岗岩矿产：花岗岩也是一种矿产资源，花岗岩具有结构致密、质地坚硬、性能稳定、耐磨损、耐腐蚀、承载力负荷大、装饰性的特点。根据其类型和性能差异，可分别用于建筑、筑路材料，耐腐蚀管、槽、容器，还被用于雕琢成工艺品，如石狮、石桌、石雕画等。我国的花岗岩产量为世界首位。

第六观察点

点号：D5－06

点位：西二环西侧含光路山水新城小区对面。

坐标：

点性：1)岩性点；2)构造点。

观察内容：

1)观察并描述板溪群绢云母板岩的岩性特征。

2)观察层面构造：包括波痕、沟槽、印模。波痕主要分布在东端陡壁上，面积较广，但强度较弱，观察和测量波痕走向，分析其地质意义。观察两种印模构造，一种为眼状、蝌蚪状突起，定向排列，沿层面突起，该印模的名称及成因在现有文献中未见涉及，地球科学领域中仍存在许多悬而未决的问题，这对同学们提出了挑战；在露头的东端可见另一种印模(重荷模)构造，表现为岩石中出现近平行排列的似长轴状透镜体集合体构造，其凸面平行于层面，其长轴方向与岩层走向一致(彩图23)。第三种层面构造为沟槽，平行成组出现，是水流或其中携带物在还没有固结的软泥表面冲刷或划蚀形成的线状凹槽，其长轴方向代表水流方向，沟深的一端代表上游，其走向与重荷模延长方向一致。根据这些层面构造可以确定层序、古流水方向及水岸走向。

3)微层理：分布于观察点的东端。

4)共轭节理：观察节理特征，测量节理产状，判定节理性质和古应力方向。

5)观察褶皱：在露头的东端，可见岩层的弯曲。

6)观察陡倾的岩层，理解应力对岩层产状的控制。

第七观察点

点号：D5－07

点位：桐梓坡路北侧、中联重科南侧的陡壁。

坐标：

点性：1)古地貌点。

观察内容：

1)河流沉积：该点可观察到沉积物从底到顶的组分及结构变化，通过各层沉积物间的接触关系，理解整合接触关系。

2)二元结构：由该处砾层与砂层整合接触，且砾下砂上，可知前者为河床相，后者为河漫滩相，据此理解河道的变化，并理解沉积物特征及组成样式对河道变化的指示。

3)河流阶地：该处原为湘江河床和河漫滩，现已距湘江约2 km，成为湘江的三级阶地。理解河道变化的规模，培养地质对象是动态变化的思想。

第八观察点

点号：D5－08

点位：桐梓坡长沙大地构造研究所西南角。

坐标：

点性：1)岩性点；2)构造点；3)界线点。

观察内容：

1)板溪群岩性：为泥质板岩、粉砂质板岩互层，描述其特征。

2)揉皱细脉：板岩中发育似肠状铁质脉，脉体产状不定，剖面上显示为似褶皱状，脉体穿切泥质板岩、粉砂质板岩(彩图24)，其形成机制暂不清楚。

3)板岩中发育断层，描述其特征，测量其产状。

4)河流阶地：上点为河流沉积，该处邻近上点，原覆盖于板溪群体地层之上的沉积物因为建筑原因已被人工移除，理解该处为湘江的基座阶地。

5)认识角度不整合接触关系：结合上点第四系河流冲积物沿积层的水平产状和该点元古代板溪群340°∠61°的岩层产状，同时二者之间缺失其他时代地层的特点，可知二者间为角度不整合接触关系。

5. 思考题

(1)什么叫围岩蚀变？它有哪些表现？

(2)侵入接触关系可能有些什么特点？

(3)一个完整的风化壳剖面应是什么样的？在花岗岩地区为什么用长石风化的程度作为确定风化阶段的重要标志？影响风化作用发育程度的因素是什么？

(4)土壤、残积层、基岩有什么区别？

(5)片理与层理是否相同？为什么？

(6)从捕虏体的特征可以了解到什么？

(7)根据实习中观察到的板溪群地层岩性和沉积构造特点，你认为板溪群地层沉积时实习区处于什么样的沉积环境？应有什么特点？

(8)通过实习，你认为岩浆岩、沉积岩、变质岩最主要的差异是什么？

4.6 观察路线六

1. 地点

后山部队—万景园—白鹤泉—爱晚亭—湖南大学—湘江西岸，各观测点位置见图4－8、4－9。

2. 课时要求

12学时(课内外各6学时)。

3. 目地要求

(1)认识球状风化。

要求观察发生球状风化岩石的岩性特点，理解岩性对产生球状风化的影响作用。

(2)泥裂等沉积构造。

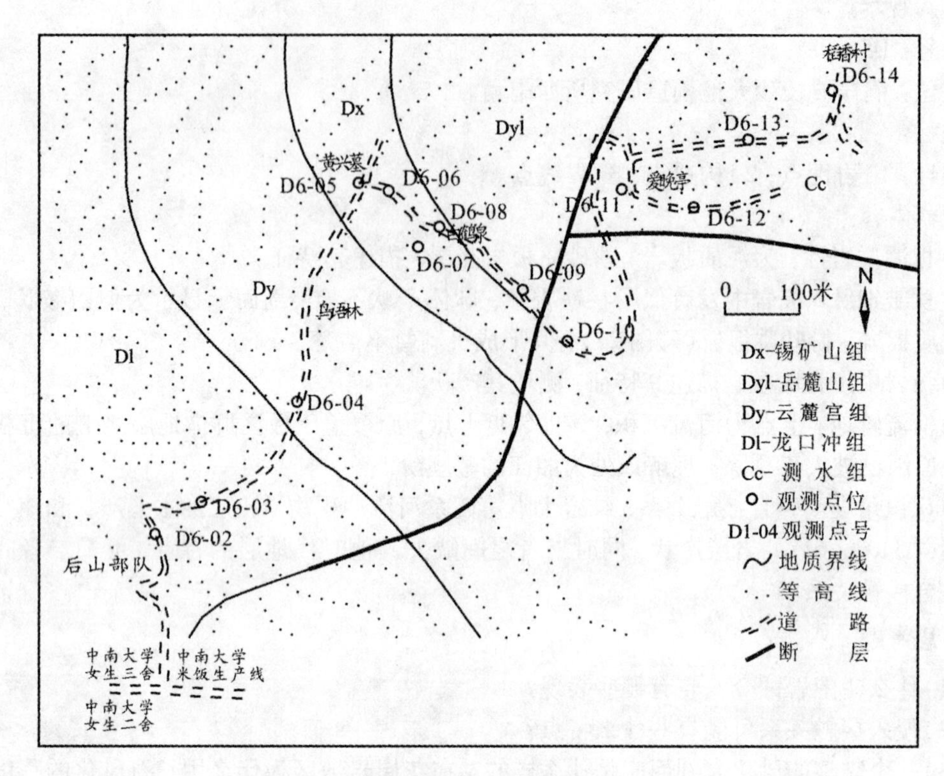

图 4-8　观测点位置(观察路线六，部分)

要求能掌握泥裂的描述内容，并利用泥裂构造判断岩层顶底面。

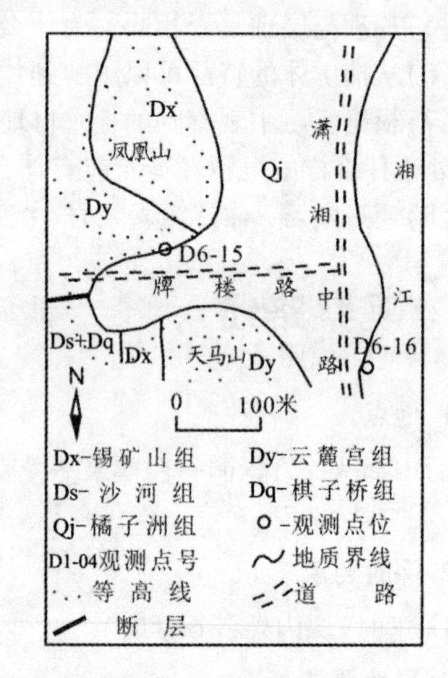

图 4-9　观测点位置(观察路线六，部分)

(3)认识块体运动。要求认识滑坡的主要构成要素，掌握描述滑坡特征的主要参数。

(4)识别和观察断层、褶皱等构造的方法。

掌握野外识别断层和褶皱的方法，并理解其表现形式的多样性、差异性和判别标志的有限性。

(5)掌握信手剖面图的绘制。

要求绘制典型地段的信手剖面图，如白鹤泉—麓山寺公路剖面的连续褶皱和断层剖面的信手剖面图。

(6)观察白鹤泉特征。

要求判断白鹤泉所属的地下水类型，并讲述其理由。

(7)认识泥盆系、石炭系地层及岩性特征、岩性变化、层理、层面构造。

要求比较泥盆系和石炭系地层及岩性的差异。

(8)学习划分岩性段，认识沉积环境，学习沉积相的相分析。

要求根据指定岩性段的岩石特征，推测沉积环境，确定其沉积相。

(9)认识河流侵蚀和沉积作用及形成的地貌类型。

要求观察岳麓山山溪和湘江的特点，比较幼年期河流和中年期河流的侵蚀作用、沉积物特点及形成的地貌类型差异。

4. 主要观察点

第一观察点

点号：D6 - 01

点位：中南大学教工一舍及大锅炉房后岳麓山坡脚下。

坐标：

点性：1)岩性点；2)工程地质点。

观察内容：

1)岩性：观察并描述该点出露岩石的岩性特征，测量产状和节理密度。观察教工一舍及大锅炉房后陡壁的地貌地势，测量山坡坡度，测量陡壁高度、宽度。

2)边坡：认识边坡，观察岩石是否有崩塌，崩塌地段及崩塌程度；了解现有护坡地段、护坡方法、修建护坡的原因；分析局部地段岩体稳定可不建护坡的原因。

知识点：

边坡：指岩体、土体在自然重力作用或人为作用下形成的临空倾斜面。

边坡失稳：边坡稳定性被破坏，边坡自身及其上部山体发生滑坡、塌方等块体运动的现象。

第二观察点

点号：D6 - 02

点位：岳麓山后山部队驻地东侧。

坐标：

点性：1)岩性点；2)构造点。

观察内容：

1)岩性：观察泥盆系龙口冲组地层中的两种岩性岩石，点北为黄色砂质泥岩，该点的南侧为青灰色粉砂质泥岩，描述二者特征。

2)沉积岩层状特征：观察和测量不同单层的厚度，理解其厚度对沉积时环境稳定的指示性，单层越厚说明沉积时环境越稳定，水深变化越平缓，单层薄则反之，理解大范围水深的变化对于全球气候变化或区域大地构造运动的指示意义。

2)断层：见两条平行的小型正断层，测量其产状，确定两盘相对位移方向，描述其特征。

3)球状风化：黄色砂质泥岩底部观察到岩石球状风化现象，描述球体大小和形态，观察其圈层构造和岩性特点，理解岩性对风化结果的影响。

4)剪节理：分布于青灰色粉砂质泥岩中，观察其特征，测量其产状和密度。

5)风化壳剖面：观察自地表向下岩性及物质成分的变化。

6)小型滑坡：该滑坡规模很小，只有数米，通过观察仍能识别出滑坡的主要组成要素，如滑坡面、滑坡体等，描述其规模，观察滑坡体物质粒度的变化及相应的分布位置。

第三观察点

点号：D6 - 03

点位：岳麓山后山西侧，上点沿路向东北约 70 m。

坐标：

点性：1）岩性点；2）构造点。

观察内容：

1）岩性：沿路从南向北重点观察泥盆系龙口冲组地层中岩性的变化，除了注意岩石学特征外，思考岩石单层厚度的变化，观察粉砂岩与页岩或泥岩的韵律性重复，记录不同岩性单层厚度，测量岩层产状的变化，据此进行岩性段的划分和剖面测量。

2）观察节理，对节理密度、产状进行测量。

第四观察点

点号：D6－04

点位：岳麓山后山山腰。

坐标：

点性：1）岩性点；2）构造点。

观察内容：

1）岩性：为泥盆系云麓宫组的砂岩，对岩层和岩石进行描述。

2）褶皱：寻找该点存在褶皱的证据。

3）观察该点发育的节理特征，确定其性质，并测量其产状和密度，结合褶皱产状判断节理类型。

第五观察点

点号：D6－05

点位：岳麓山黄兴墓东侧台阶下。

坐标：

点性：1）岩性点；2）构造点。

观察内容：

1）岩性：泥盆系锡矿山组白色石英砂岩，对岩层特征、岩石特征进行观察和描述。

2）微层理、斜层理：在石英砂岩中发育微层理，包括斜层理（彩图 25）和平行层理，在约 60 cm 的垂直剖面上可见斜层理和平行层理交递分布，出现四条水平层理；观察从下向上斜层理和平行层理密度及幅度的变化，理解这种变化特征对沉积环境变化的指示意义；观察微斜层理的倾向，由此判断古水流流动方向。观察斜层理与平行层理关系，理解这种关系对岩层顶、底面的指示作用。

第六观察点

点号：D6－06

点位：黄兴墓东约 50 m。

坐标：

点性：1）岩性点；2）构造点。

观察内容：

1）岩性：该点出露泥盆系锡矿山组石英砂岩。观察岩性、层理发育状况，了解岩层连续性、产状及其变化。

2）断层：观察岩层连续性，寻找断层存在的地貌证据；观察断层面特征，测量其产状；观察断层面上分布的断层角砾的特征，包括其成分、形态、大小、含量、胶结物等；根据断盘两侧地层、断层产状、角砾特征思考和判断断层的性质。

3)定点：确定观测点的位置，并将其在地形图上进行标识。

知识点：

构造角砾：受应力作用原岩破碎形成角砾，当角砾被脉体或胶结物胶结成岩就称之为构造角砾岩。根据其产于断层中而可与沉积成因的角砾岩相区分。

第七观察点

点号：D6 - 07

点位：白鹤泉南，公路西侧。

坐标：

点性：1)岩性点；2)构造点。

观察内容：

1)岩性：出露泥盆系锡矿山组石英砂岩，观察岩性、层理发育状况。

2)断层：地貌上表现为溪沟，岩层沿走向不连续，断层南盘为石英砂岩，北盘为第四系坡积物，但断面不发育，可观察到破碎带，并有泉水出露，因此判断为断层出露点。理解野外断层识别标志的差异性。

第八观察点

点号：D6 - 08

点位：白鹤泉南，公路西侧。

坐标：

点性：1)岩性点；2)构造点。

观察内容：

1)岩性：出露泥盆系锡矿山组的灰白色石英砂岩。

2)背斜：观察岩层的连续性与变形特征；认识宽展型背斜，确定该背斜的核部、翼部、转折端、枢纽、轴面劈理，测定两翼岩层产状；确定背斜的形态类型；绘制背斜素描图。

3)向斜：沿背斜出露点向南，在公路西侧剖面可观察到岩层产状的变化，可确定为向斜。并可观察到连续出现的背、向斜，理解岩层可以发生连续褶皱。

第九观察点

点号：D6 - 09

点位：白鹤泉南，公路西侧，位于上点东南，约 110 m 处。

坐标：

点性：1)岩性点；2)构造点。

观察内容：

1)岩性：出露灰白色石英砂岩，对其特征进行描述。

2)断层：断层发育于石英砂岩中，表现为一破碎带，为安全起见已为人工混凝土加固，无法观察到破碎带特征，但断面仍出露，观察断面的特征，测量其产状。

3)拖曳褶曲：在断层的南盘，可观察到接近断层处的岩层发生了局部弧形弯曲，形成一拖曳(牵引)向斜(彩图26)，其凸起方向(向斜轴面与断面所交锐角指向)指向断层南盘运动方向，据此确定断层类型。理解该向斜产生的原因，掌握利用拖曳褶曲判断断层两盘相对位移方向的方法。

知识点

牵引构造：牵引构造是断层两盘沿断层面作相对滑动时，断层附近的岩层因受断层面摩擦力拖曳而产生的弧形弯曲，其样式可以是背斜也可以是向斜，根据其凸起方向可以判断断盘相对位移方向。

第十观察点

点号：D6－10

点位：白鹤泉；白鹤泉至爱晚亭，沿该小路观察南侧山溪。

坐标：

点性：水文点。

观察内容：

1)地下水水位：观察白鹤泉水位，明确其为地下水，注意是否能观察到水的流动，思考为什么。

2)地形地貌：观察白鹤泉附近的地貌特征。

3)岩石与断层：观察泉水周边岩石类型及岩性；观察泉水西侧的陡崖及旁侧断层。

4)水位与地形关系：观察泉水水位与周边地形高度的差异，据此思考该地下水的类型。

5)地表水：观察白鹤泉南面山沟中沿沟出现的地表水特征。

6)侵蚀地貌：观察地表水对地表的侵蚀，观察沟谷距分水岭的距离，观察沟谷形态，沟底冲积物的类型、形态，分选，理解幼年期河流地貌及冲积物的特征，根据冲积物的岩石特征溯源地表水源地。

第十一观察点

点号：D6－11

点位：爱晚亭西，第九战区司令部战时指挥所指路牌西北侧楼梯上行约 10 m，见图 4－10。

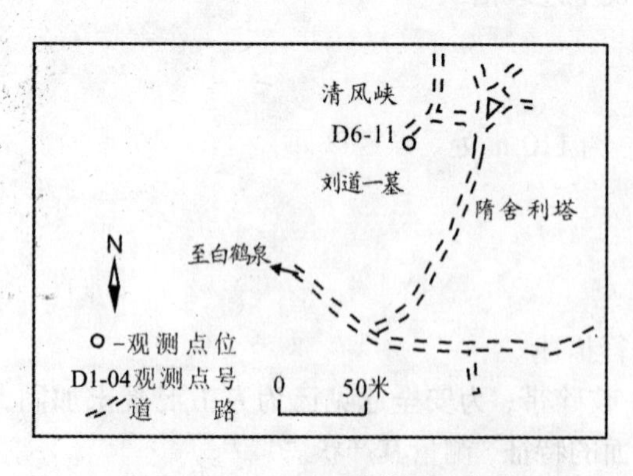

图 4－10　D6－11 点位置示意图

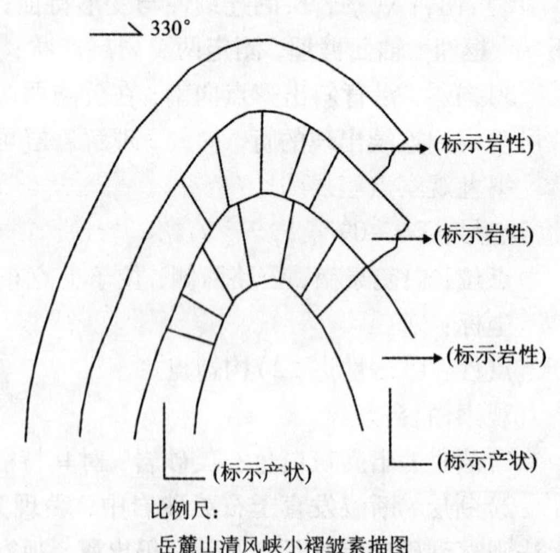

图 4－11　清风峡褶皱素描图

坐标：

点性：1）岩性点；2）构造点。

观察内容：

1）岩性：石英砂岩，对其特征进行描述。

2）褶皱：观察岩层的连续性与形变特征，认识该处的背斜和向斜，认识背斜与向斜的空间关系，确定褶曲的核部、翼部、转折端、枢纽、轴面位置，测定两翼岩层产状（彩图 27、图 4－11），确定褶皱的形态类型。观察转折端处发育的张节理及其形态和其中的充填物，观察层间的虚脱，了解这些构造形成的原因。

第十二观察点

点号：D6－12

点位：爱晚亭西南，兰涧口沿沟向上游约 10 m。

坐标：

点性：1）岩性点；2）构造点。

观察内容：

1）岩性：该点为石炭系的灰色页岩和砂岩，夹碳质泥岩层，描述岩石岩性特征。

2）褶皱：观察沟两侧页岩层产状的差异，由岩层产状指示沟为一背斜核部。同时将上点观察到的背斜进行空间分析，根据其轴面产状建立起该区域内褶皱发育情况的框架。

3）地貌：观察该处的沟谷地貌，结合该处为背斜出露点，理解背斜构造形态与地貌形态的差别，理解岩性对地貌形态的影响作用，如果背斜核部为易风化岩石，翼部为耐风化岩石，则背斜突起部位可在长期的风化剥蚀过程中转变为地貌上的洼地。

第十三观察点

点号：D6－13

点位：爱晚亭水塘南侧公路壁，北侧公路壁两处露头。

坐标：

点性：1）岩性点；2）构造点。

观察内容：

1）岩性：水塘北侧剖面可观察到石英砂岩－粉砂岩组合，对该剖面由底向上进行剖面测量，观察泥、砂互层的层序特征，并由此推测沉积时的环境，测量岩层产状。在水塘的南侧也可观察到层状石英砂岩，观察其岩性，并与水塘北侧的砂岩比较，测量其产状。

2）褶皱：未能观察到褶皱的整体形态，根据岩层产状可以确定该处为背斜，而水塘处为背斜核部，理解识别褶皱的依据，理解构造、岩性对地貌的控制作用，解释背斜核部为低洼水塘地貌，而背斜两翼为山地的原因。

第十四观察点

点号：D6－14

点位：湖南大学稻香村公路南，图 4－12。

坐标：

点性：1）岩性点。

观察内容：

1）岩性点：该点出露石炭系测水组紫色砂岩，观察描述岩层特征、岩石特征，注意岩石

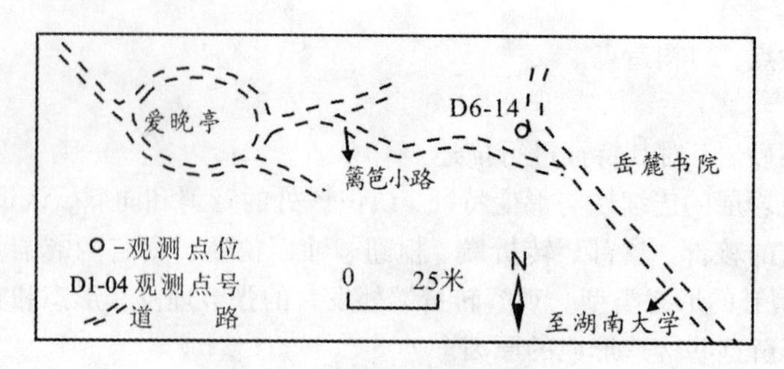

图4-12　D6-14点位置示意图

颜色呈斑杂状的特点，表现为紫红色和灰白色不规则交杂分布，比较其与泥盆系跳马涧组紫红色砂岩的岩性差异。

知识点：

斑杂构造(不均一构造)：为岩石构造，表现为岩石的颜色或矿物成分或结构构造在不同部位显示较大的差异。

第十五观察点

点号：D6-15

点位：桃子湖公园西端，牌楼路北侧。

坐标：

点性：1)岩性点；2)构造点。

观察：

1)岩性：泥盆系云麓宫组岩石，观察岩层及岩性特征。

2)块体运动：出露一顺层断层，呈现为陡壁地貌，断面平滑，沿断面有岩石滑脱。

3)断层：观察山体地貌，该点北侧为凤凰山、南侧天马山，确定天马山、凤凰山的岩性特征、岩层产状及山脊走向。断层存在证据主要表现为同时代地层构成的山脊沿其走向不连续，发生近东西向左行平移错断，不连续处为走向近东西的低地，观察两山近公路边岩石露头，可观察到岩层产状零乱，岩石破碎。

黄兴墓、白鹤泉、本点均出露断层，而且断层均切割同时代地层(泥盆系)，思考这三处断层是否可能为同一断层，尝试在地形图上将这三点连接，即为断层线，展现一延伸规模达千米级的大断层，断层线的走向即为断层走向，根据其对凤凰山和天马山体的错断走向，可认为该断层为左行平移断层，将该断层命名为岳麓山—湖大断层。

知识点

大型地质体命名：大型地质体主要包括大型褶皱、断层、岩体等，其中“大型”在地球科学类的教科书中没有明确的定义，在实际工作中常将长度或宽度达千米级规模的地质体定义为大型地质体；出露于不同地域的大型地质体常与其他地域的在特征上有所差异，为了表达在特征、空间位置上的独立以及方便地质工作者识别，并方便进行地质情况的交流，常为大型地质体命名，命名原则常以其所在地的地名，包括行政区域、山体、山沟、河流等名字；断层的定名常取其两端出露地的地名，并常取其名字的首个字联合定义，如长(沙)—宁(乡)断裂。

第十六观察点

点号：D6 – 16

点位：牌楼路东端，湘江西岸

坐标：

点性：1）地貌点；2）构造点。

观察内容：

1）河谷地貌

识别和观察湘江河谷地貌的类型及特征，包括河床、江心洲、阶地、边滩、河漫滩、牛轭湖等；观察和描述湘江河谷地貌的规模、物质及结构。此处河床宽 1400 m 左右；江心洲被命名为橘子洲，该洲将湘江河道分为东西两部分，江心洲长约 3260 m，宽 150 ~ 200 m，主河道位于橘子洲东侧，河床底部冲积物主要为砂，次为砾，江心洲主要为砂。

注意观察两岸河谷地貌的不对称现象。谷坡包括天马山，岩性为泥盆系云麓宫组的石英砂岩。

观察河流的弯曲现象，识别边滩，边滩分布于河流弯曲处的凸岸，是该处水下堆积物；当其规模增大时，可露出水面，洪水等水流较大时候又被淹没，此时称为河漫滩，了解边滩和河漫滩的规模，它们多为细砾、细砂、粉砂，并常发育交错层理，具二元结构；河漫滩相为灰黄色、浅褐色亚砂土、亚黏土或粉土层，下部为边滩相的砂层、砂砾石层。

了解河流的侧蚀作用，识别河流侧蚀形成的凹岸，理解科里奥利力的作用。在北半球克利奥利力作用下，湘江水体在向北流过程中产生向右（东）的偏转，主要对湘江的东岸进行侧蚀，使湘江长沙段河床东侧水深大于西侧水深局面，为湘江的主航道，大型码头都建在湘江东侧，在河流的长期改造下湘江两岸地貌分布不连续，且不对称。

观察牛轭湖—桃子湖，由于人工改造已破坏了该湖原有的牛轭形态，但其与主河道相邻的空间关系仍给人以牛轭湖的暗示。

2）沉积物

观察和描述河漫滩的冲积物的组分、分选性等特征，在浅水处观察边滩冲积物，比较河漫滩与边滩冲积物的组分、粒径差别；在平直河道的水底可见较粗砂、砾石等，比较河床相与河滩相冲积物特征差异，并理解其原因。

特别注意与白鹤泉—爱晚亭沿线的山溪中冲积物特征进行比较，理解中下游沉积物特征，理解本点河流处于河流“中老年”发育阶段。

3）现代沉积构造

观察河漫滩由泥、砂互层形成的层理构造，单层厚度为几厘米到数十厘米，土层颜色为深灰色，砂层因云母含量高而显示为浅色，理解层理形成的原因。观察泥裂，注意泥裂剖面楔状形态，理解其对层面顶、底的指示意义。观察近岸水下的波痕，其走向与岸平行的现象，理解波痕走向对河岸及流水方向的指示意义。

5. 思考题

（1）风化壳有什么特点？如何识别？

（2）球形风化识别特征是什么？球形风化常发育在什么样的岩性中？为什么？

（3）如何判断地下水的类型？

（4）为什么沟谷地貌可位于褶皱核部？

(5)能够指示岩层顶底面的沉积构造有哪些?

(6)波痕的走向一定与岸线走向一致吗?

(7)斜层理与平行层理的成因有何不同?

(8)判断断层两盘相对位移方向的标志主要有哪些?

(9)为什么要了解断层角砾的形态及大小?

(10)所有断层都可以观察到断层面吗?

(11)二元结构的指示意义是什么?形成二元结构的原因是什么?

(12)河漫滩是边滩变来的吗?为什么?

(13)“幼年”期与“中年”期河流地貌的主要差异有哪些?为什么?

4.7 观察路线七

1.地点

友谊路西端、新姚路、书香路、黑石铺路、湘江路、白沙路,各观测点粗略位置见图4-13。

2.课时要求

12学时(课内外各6学时)。

3.目地要求

(1)认识白垩系、古近系、第四系地层的特点。

要求比较白垩系、古近系、第四系地层特征的异同点。

(2)认识湘江阶地及类型,认识河流冲积物及结构特征。

要求能根据冲积物的特征推测河流地貌类型。

(3)认识古风化壳。

要求了解古风化壳的物质组成、规模,理解其地质意义。

(4)观察湘江冲积物特征在垂向剖面上的变化。

要求理解这种变化的地质意义及形成原因。

(5)认识块体运动。

要求判断所观察的块体运动类型,了解其特征及控制因素。

(6)认识差异风化。

要求能描述差异风化特征,了解发生差异风化的原因。

(7)认识第四系断层。

(8)观察白沙井,了解地下水。

要求了解白沙井所属的地下水类型,其主要特征及

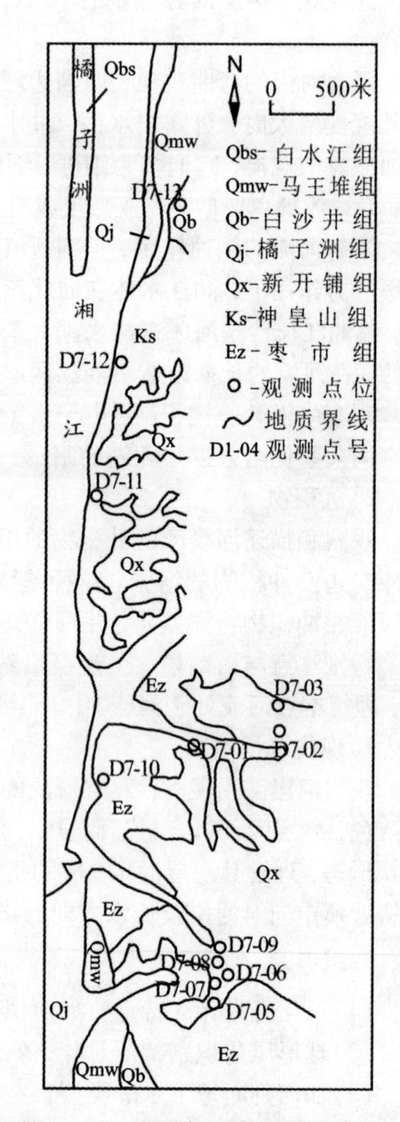

图4-13 观测点位置(观察路线七)

控制因素。

4. 主要观察点

第一观察点

点号：D7－01

点位：友谊路西端路南侧，图4－14。

坐标：

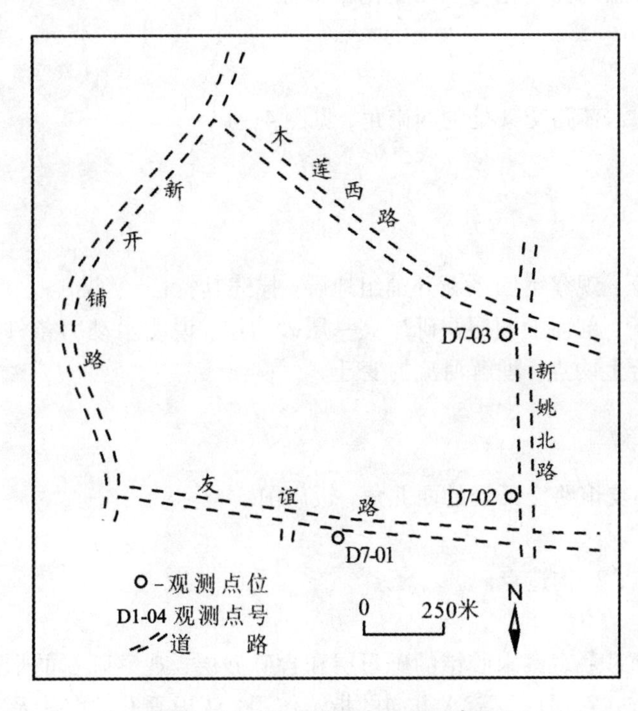

图4－14 部分观测点位置示意图

点性：1）地貌点；2）岩性点。

观察内容：

1）湘江古阶地：该点出露地层为第四系橘子洲组，观察其距现今湘江的水平距离，估计其距现今湘江水面的高度；同时认识其物质特征，认识其二元结构特点，观察各层的厚度及之间的接触关系，确定其阶地类型。

2）岩性：所见橘子洲组各层冲积物粒径悬殊，磨圆度好，观察并描述冲积物组分差异，固结度低，推测各层冲积物特征对其沉积相的指示，明确各层的沉积相类型。

第二观察点

点号：D7－02

点位：友谊路与木莲路之间的新姚路西侧，见图4－14。

坐标：

点性：1）地貌点。

观察内容：

1)古河流地貌：观察第四系新开铺组地层的冲积物特征，并与橘子洲组的比较，判断各层间接触关系。

2)河流沉积物在空间上的变化：沿本点向南，在新姚路西侧，可观察到冲积物分布变化，砾石层中断，取而代之的为一小型下凹洼地(彩图28)，冲积物变为紫色和褐色泥土，理解河流沉积相的多变性。

3)沉积环境分析：结合上点，建立河流冲积物特征及沉积层在空间上的分布变化框架，理解其地质意义，注意剖面变化与平面变化相结合。

第三观察点

点号：D7－03

点位：新姚路与木莲路交叉处的西南角，见图4－14。

坐标：

点性：1)地貌点。

观察：

1)河流沉积特征：观察第四系新开铺组地层，描述其特征，判断各层间接触关系。

2)沉积环境分析：剖面上两层富砾层夹一层砂质层，说明水动力条件的变化，理解其沉积环境的意义。结合上两点，理解河流的变迁。

第四观察点

点号：D7－04

点位：新姚路与友谊路交叉处的西北角，饭店前。

坐标：

点性：1)地貌点；2)构造点。

观察内容：

1)古湘江河床沉积：观察未胶结的砾石层和含砾砂层，观察砾石的形态及大小特征，理解砾石形态及排列方式对层面及流水方向的指示作用；认识砾石填隙物及其特征。

2)同生断层：砾石层和含砾砂层在剖面上为整合接触，沿走向上为直接接触(彩图29)，这种突变关系由断层所致，观察其间的一小断裂。

第五观察点

点号：D7－05

点位：书香路，保利花园小区向南约200 m东侧山坡。

坐标：

点性：1)地貌点。

观察：

1)地层：观察第四系新开铺组地层(彩图30)，对该地层剖面从下向上进行观察，根据物质特征的差异进行分层，确定层的数量。该剖面底部以泥质物为主，向上为砾石，再向上为含砾砂质物和含砾泥质物。观察每层的特征，包括单层的厚度，各层的接触关系，颜色，砂、砾的岩性(彩图31)，形态，大小，磨圆度等，沉积构造(如橙黄色砾砂层中的多层沉积韵律)等。

2)河流地貌：根据各层特征确定河谷地貌类型，理解同一地点垂向剖面从上到下河谷地貌类型的变化，据此推测水平平面同一空间河谷地貌类型的变化，理解控制这种变化的表生地质作用。

3)河流地貌变化规模：在地形图上标记本观察点，测量本点与湘江的距离，确定河床水平迁移的距离。

知识点

湘江河流阶地：湘江在长沙发育多级阶地，其分布向东可追至韶山路以远，向西追至桐梓坡以远，长沙市中心区建在湘江长沙段阶地上。前人根据阶面标高、基坐标高、阶地物质成分、风化程度及水化学类型等将阶地划分为六级，阶地级别由现有江面分别向东、西两岸递增，其第五级阶地在河东已到达韶山路一带，经河流的改造，阶地呈不连续、不对称分布，因人工地面附着物的覆盖，无法观察到完整的阶地。阶地类型主要有基座阶地、侵蚀阶地、堆积阶地三种，其中基座阶地、侵蚀阶地由白垩系泥质砂岩、砾岩或元古代板溪群板岩组成，堆积阶地由第四系上更新统冲积物构成。多级阶地反映出长沙地区的新构造运动以间歇性上升为主，上升幅度较小。

第六观察点

点号：D7－06

点位：书香路，保利花园小区向南约200 m东侧山坡。

坐标：

点性：1)构造点。

观察内容：

1)层理：观察第四系新开铺组地层中的层理，确定各层间接触关系，观察岩层数量、厚度，观察各层沿走向厚度、岩性的变化，理解这种变化的指示意义。

2)斜层理：发育于砂层中，可观察到四层砂层中均发育斜层理(彩图32)，测量其产状，由此确定古湘江流水方向。局部斜层理倾向与总体方向相反(彩图33)，理解这种局部异常对河流地貌类型的指示意义。

3)层理：理解这些岩性特征的变化规律及其地质意义，观察斜层理。

第七观察点

点号：D7－07

点位：书香路，保利花园小区向南约200 m东侧山坡。

坐标：

点性：1)岩性点。

观察内容：

1)古风化壳：在第四系新开铺组的紫红色泥质层与上覆砂石层之间发育很薄(厘米级)的古风化壳，该面为舒缓波状延伸，断续分布，由富铁物质组成，或为纯铁质物(彩图34)，或为铁质胶结砾石组合，并已成岩，因上覆砾石层，有的铁质风化壳上发育重荷印模。

2)岩性：观察风化壳下伏紫红色泥质层、上覆砾石层的岩性特点，分析古风化壳上、下地层的岩性变化的可能原因。

第八观察点

点号：D7－08

点位：书香路东侧，保利花园小区向南山脚。

坐标：

点性：1)河流微相点。

观察内容：

由上点起沿书香路东侧向北观察。

1)河流沉积微相变化：由南向北，观察二元结构沉积层变至红色泥质砂质层，再变至砾石层(彩图35)，同时注意各层厚度变化。

2)绘制该相变的信手剖面图。

3)思考：根据该剖面所见，恢复河流的可能的平面样式。

第九观察点

点号：D7-09

点位：书香路东侧，保利花园小区东门对面山脚。

坐标：

点性：1)地质灾害点；2)土壤发生层点。

观察内容：

1)地质灾害：观察地质体的崩塌。认识崩塌体结构组成，包括崩塌体的规模、高度、不规则锥体形状，认识崩塌壁的弧形状。

2)认识崩塌体的物质组成：由下往上为土黄色含砾砂层—黄白淀积层—白色淋溶层—深黄腐殖层。

3)沉积韵律：土黄色含砾砂层中可见8层砾石和砂质沉积物互层(彩图36)，理解沉积韵律。

4)土壤发生层：观察土黄色含砾砂层上覆土壤发生层，由上向下出现腐殖层、淋溶层、淀积层，观察各层颜色、厚度及矿物种类，理解土壤发生层各层的化学作用。

5)网纹状红土：该点及向北约20 m，可观察到古河漫滩相的网纹状红土，认识其中红土与白土交错分布的特点，其中溶孔的分布特点，理解这些溶孔对地下水分布与运动的影响。

第十观察点

点号：D7-10

点位：新开铺路雅颂居小区南面山坡。

坐标：

点性：1)白垩系地层；2)构造点。

观察：

1)白垩系地层：观察出露的白垩系枣市组地层，地层由互层状砾岩和砂岩组成，由于差异风化表现为砾岩层的突出和砂岩层的凹进，观察各层的厚度，判断各层间接触关系，测量地层产状。

2)岩性：观察地层岩石岩性，关注其成岩程度与实习区泥盆系、板溪群地层岩石成岩程度的差异，理解岩石的成岩程度与形成时代的长久为正相关关系。观察砂岩中浅灰与紫红相间的斑杂构造(彩图37)，分析其可能的原因。

3)沉积环境分析：根据岩性特点和沉积韵律特点，了解和分析其沉积环境为河流沉积还是冲积扇？

第十一观察点

点号：D7-11

点位：猴子石大桥南侧湘江路东侧。

坐标：

点性：1）古近系地层；2）阶地地貌。

观察内容：

1）地层：由湘府路大桥始，沿湘江路东侧向北观察古近系地层，测量其产状，观察地层中层理构造。

2）阶地：该点地层为湘江阶地，观察其距湘江水面高差，理解湘江河流的水切作用，体会河流下切与地层的垂直抬升构造活动。

3）岩性：紫红色，互层状含砾砂岩和砂岩。

第十二观察点

点号：D7－12

点位：湘江路高架桥下。

坐标：

点性：1）古近系地层；2）岩性点。

观察内容：

1）地层：观察古近系枣市组地层的结构特征，测量其产状。

2）岩性：从垂直剖面的底部到顶部进行观察，观察层理构造及各层间的整合接触关系；观察各层岩性，包括其中砾石的形态、大小、排列样式、岩性类型、充填物类型；观察岩层相间凹凸的形貌，分析富砂层与富泥层风化差异的原因。

3）沉积环境分析：本点出露岩石中的砾石为实习区内元古界板溪群、泥盆系的板岩、青灰色硅质岩、石英砂岩、石英岩、紫红色砂岩等，分选性差，棱角与磨圆状砾石混杂，砾石多小于十几厘米，这些岩性特点说明其沉积环境为强水动力环境，其沉积相或为洪积扇、或为河流中游的河床相，理解地质认识可能存在的多解性。

第十三观察点

点号：D7－13

点位：白沙路，回龙山白沙井公园。

坐标：

点性：1）水文点；2）地貌点。

观察：

1）地下水：观察地下水露头，原天然露头现已被改为人工露头。地下水的天然露头为泉，人工露头为井。观察陡壁及地面向外冒出泉水，确定该处水为地下水。观察水体特征，观察水面高低的变化，理解地下水的流量概念，确定地下水流量与人工取水量间的关系。相关部门检测白沙井水 pH 为 7.7，矿化度低，Ca、HCO_3^-、Pb、Cu、Hg、As、Cr、F 等含量均低于地表水，细菌含量低，其水质符合《生活饮用水卫生标准》（GB 5749—2006）。

2）地形：观察水面距地面的高差，观察井口附近地形，东侧为回龙山，西侧为高台，白沙井位于回龙山山脚，井口出露于东西高地间的低洼处，观察低洼地的规模（长约 20 m，宽约 8 m）；该处地下水的出露是因为陡崖面切割至含水层（白沙井组），使含水层在低洼地中出露，所含地下水涌出形成下降泉；由于含水层中的地下水沿含水层与隔水层顶板的接触处自然流出，因此形成了接触泉。

3)了解白沙井形成的地质条件：由于人为作用，原有的自然露头已被人工砌石所掩盖，从原有地质调查记录可以了解到白沙井的下部为古近系紫红色泥质页岩、泥质粉砂岩，为隔水层，中部第四系白沙井组的灰黄色、黄色砂砾石层为透(含)水层，上部为第四系白沙井组网纹状红土层，为隔水层，但该层中发育微裂隙和溶孔，成为微透水层，由此也可以确定白沙井水为承压水，但考虑到上部网纹红土发育裂隙，为半隔水层，可视为具有微承压性的潜水，其补给为大气降水。

5.思考题

(1)河床两侧的河谷地貌不对称的原因是什么?

(2)边滩、河漫滩的相互位置及相互关系是什么?

(3)阶地是如何形成的? 阶地存在的意义是什么? 阶面与阶地斜坡各说明什么问题?

(4)正常情况下河流二元结构的分界面的产状如何? 砾石层(河床相)与河漫滩相的网纹状红土之间的分界面的产状说明什么问题?

(5)江心洲、边滩、河漫滩、阶地等有可能发生垂向空间的叠加吗? 为什么?

(6)长沙建筑用地多为阶地。如大型建筑要以阶地为地基时，需对阶地进行哪些地质调查工作?

(7)崩塌地质灾害发生的主要原因是什么?

(8)百姓常说泉水不枯的科学前提是什么?

4.8 观察路线八

1.地点

云麓宫、电视塔、岳麓公园北门，各观测点位置见图4－15。

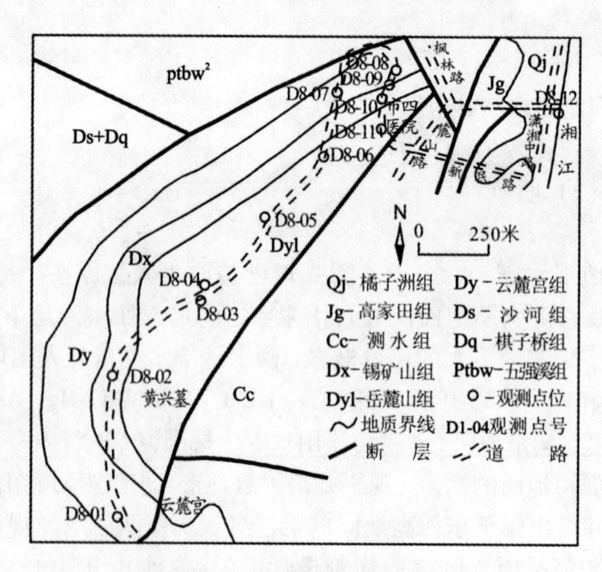

图4－15 观测点位置(观察路线八)

2. 课时要求

8学时(课内外各4学时)。

3. 目的要求

(1)认识泥盆系地层及岩性。

要求认识该剖面内泥盆系地层及岩性特征，据此恢复沉积时的环境，确定沉积相，理解沉积环境及相随时间变化的现象。

(2)认识不整合接触关系。

要求通过泥盆系石英砂岩岩层与第四系残积物层产状的差异判断二者为不整合接触，同时理解岩层产状与接触面产状的意义。

(3)认识不同的褶皱类型。

要求沿路测量岩层产状的变化，通过岩层产状变化、沿路观察到的小型褶皱认识岳麓山构造运动的复杂性，并对岳麓山发育的褶皱进行分类。

4. 主要观察点

第一观察点

点号：D8－01

点位：云麓宫西侧公路旁。

坐标：

点性：1)地层界线点；2)岩性点。

观察内容：

1)地层界线：观察第四系残积物和泥盆系石英砂岩的接触界线，观察和测量泥盆系石英砂岩岩层与第四系残积物层产状的差异，明确二者为不整合接触，同时理解岩层产状与接触面产状差异的意义；根据泥盆系与第四系地层间缺失地层推测实习区可能发生过的构造运动形式。

2)岩性：观察石英砂岩与第四系残积物的特征，特别注意残积物的成分，破碎状态，碎块形态、大少、均匀度等特点，推测其原岩。

第二观察点

点号：D8－02

点位：岳麓山顶的观光长廊，公路东侧。

坐标：

点性：1)岩性点；2)构造点。

观察内容：

1)岩性：观察该点的泥盆系锡矿山组紫红色厚层石英砂岩岩性特征，测量岩层产状和单层厚度，观察其中的微层理。

2)节理：观察该点出露的多组节理特征，测量节理产状，进行节理分组。

3)断层：该处向东远眺观察D6－15点见到的断层，该断层错断了凤凰山和天马山山脊，理解远处观察是认识大型地质体的有效方法之一。

第三观察点

点号：D8－03

点位：岳麓山顶电视塔附近。

坐标：

点性：1）构造点。

观察内容：

1）产状变化：岩性仍为泥盆系岳麓山组紫红色厚层石英砂岩，但其产状较上点有较明显变化，请同学们仔细测量。

2）节理：观察剪节理特征，注意与上点观察到的节理特征比较，如该点的节理倾角和密度均加大，理解和分析形成这种变化可能的原因。

第四观察点

点号：D8－04

点位：岳麓山顶电视塔北侧公路西侧剖面。

坐标：

点性：1）界线点；2）构造点；3）岩性点。

观察内容：

1）岩性分界：观察该点南北两侧岩性差异，泥盆系岳麓山组地层中紫红色石英砂岩与厚层状灰色石英砂岩、薄层状灰白色页岩、薄层状泥质粉砂岩岩组的分界线，观察各类岩石的颜色、组成、结构、构造、厚度的差别以及产状的变化。

2）构造：测量点南侧的中厚层状紫红色石英砂岩产状与点北侧沉积岩组合产状，根据其较大差异，分析其构造原因。

第五观察点

点号：D8－05

点位：岳麓山顶电视塔北侧公路向北约50 m处。

坐标：

点性：1）构造点。

观察内容：

1）地层产状的渐变：沿公路向北观察泥盆系灰白色石英砂岩产状，进行产状测量，了解地层倾向逐渐由南东倾变为北西倾，理解地层产状变化的渐变性，理解观察地层产状变化需沿斜交或垂直地层走向进行剖面观察的几何原理。

2）褶皱：该观察剖面内岩性变化不显著，但岩层产状变化明显，据此确定褶皱类型。

第六观察点

点号：D8－06

点位：岳麓山公路西侧，上点向东北约250 m。

坐标：

点性：1）岩性点。

观察内容：

1）岩性：观察泥盆系岳麓山组的厚层石英砂岩中夹薄层砾岩，观察砾石的颜色、岩类（黑色硅质岩、白色石英粉砂岩、硅质岩）、形态及大小。理解沉积岩中不同岩性夹层指示地层产状的意义。

第七观察点

点号：D8－07

点位：岳麓山公路西侧，上点向东北约200 m。

坐标：

点性：1）岩性点；2）构造点。

观察：

1）岩性：沿公路向山下方向剖面，观察泥盆系云麓宫组厚层石英砂岩及下伏灰色页岩，观察两类岩石岩性特征。

2）褶皱：测量岩层产状，确定褶皱类型，描述其特征。

第八观察点

点号：D8－08

点位：上点沿路走约300 m（转过弯处）。

坐标：

点性：1）岩性点；2）构造点。

观察内容：

1）岩性：观察泥盆系云麓宫组厚层石英砂岩岩性特征，比较上点厚层石英砂岩特征。结合由上点石英砂岩到灰色页岩，再到石英砂岩岩性空间的分布样式，思考其地质意义。

2）褶皱：观察该点岩性稳定特征，观察岩层产状变化特征，测量其产状，确定褶皱类型；根据两翼岩层产状，大致判断褶皱轴向的走向，据此判断褶皱的形态类型。

第九观察点

点号：D8－09

点位：上点沿路走约40 m。

坐标：

点性：1）岩性点；2）构造点。

观察内容：

1）岩石组合：观察泥盆系锡矿山组地层，其岩石具石英砂岩与紫红色粉砂岩互层的特点，对该剖面进行测量，测量时注意各岩石单层的厚度、产状，观察各岩石的颜色、组分及结构差别，作剖面图，并理解岩性重复变化指示沉积相或物源变化的作用。

2）断层：观察断层，测量断层与岩层产状，观察断层上盘发育的层间小褶皱，并结合断层与岩层产状确定其为顺层断层；理解上盘层间褶皱形成的原因，理解层间滑动对岩石变形的作用。

3）褶皱：根据岩层产状的变化判断褶皱的性质、轴向。

知识点：

层间滑动构造：地质界面（多指岩层界面）在应力作用下产生滑动，但由于其两侧岩性差异，导致平行界面间的滑移速度及位移量差异，形成应力差，从而在平行界面之间形成的褶皱、破裂等构造。

第十观察点

点号：D8－10

点位：上点沿路走约40 m。

坐标：

点性：1）岩性点；2）构造点。

观察内容：

1）岩性：观察泥盆系锡矿山组石英砂岩的特征。

2）褶皱：观察褶皱（彩图38），确定褶皱的类型，根据其转折端的曲率半径确定该褶皱的形态类型。绘制剖面素描图。

第十一观察点

点号：D8－11

点位：岳麓公园北门公路西侧山坡。

坐标：上点沿路走约100 m

点性：1）岩性点；2）构造点。

观察内容：

1）岩性：观察泥盆系岳麓山组中厚层状紫红色石英砂岩特征，测量岩层产状。

2）褶皱：根据岩层产状的变化判断褶皱的性质、轴向。

第十二观察点

点号：D8－12

点位：通程商业广场、湘江一桥桥下。

坐标：

点性：1）地貌点；2）工程地质点。

观察内容：

1）河谷地貌：观察橘子洲与傅家洲等江心洲的形态，了解这两洲形成的原因（洪水期含砂量增加，下游浏阳河、捞刀河与洞庭湖水位上涨对湘江产生的顶托作用，使湘江流速减慢，形成湘江长沙段的沉积，洪水作用是湘江的主要沉积因素）；观察两洲间在走向上的偏移，理解江心洲的位移。观察湘江阶地形态、构成。

2）理解河流沉积地貌对人工建筑物选址的影响：观察湘江一桥的桥台、桥墩定位处的地貌类型，桥台建在湘江两岸的河漫滩，桥墩利用江心洲，降低施工难度，减少工程量；观察桥面与一级阶地面间的高差，理解桥面平均高度最低不可低于一级阶地阶面高度的原理。

3）护坡：观察通程商业广场北边的陡坡，可观察坡的走向、高度、坡度、护坡（材料、结构），理解地质地貌条件对护坡建设的影响。

附录1 长沙地质概况

(一)长沙地理概况

长沙是湖南省的省会，全省政治、经济、文化中心，位于湖南省东部偏北，湘江下游。东邻江西省宜春地区和萍乡市，南抵湘潭和株洲，西连益阳和娄底两地区，北接岳阳市。西起东经111°53′，东至东经114°15′，南起北纬27°61′，北至北纬28°41′。东西长约230 km。南北宽约88 km。该地区的气候属亚热带季风气候，冬冷夏热，降水丰富但变化大，春末夏初多雨，夏末秋季多旱；春湿多变，夏秋多晴，严冬期短多雨，暑热期长，全年无霜期约275天，年平均气温16.8～17.2℃，极端最高气温为40.6℃，极端最低气温为－12℃，年平均总降水量1422.4 mm。

长沙市位于长沙盆地(或称长沙—浏阳盆地)的西缘。湘江自南向北流过该区，过境段长约25 km。

区内地势南高北低，南郊的金盆岭、豹子岭海拔100 m以上，北郊的浏阳河、捞刀河与湘江汇合处仅30 m，成为市区最低点。河西为晚古生代泥灰岩、砂页岩构成的低山、丘陵区，其中湘江西岸的岳麓山是本区的主体。碧虚峰海拔295.7 m，为岳麓山主峰，位于岳麓山的中部。向南北延伸的岗丘海拔一二百米，纵列于湘江西岸。湘江西岸西北的咸嘉湖和以北的望岳和岳麓两乡的丘陵区，为元古宇的粉砂质、砂质板岩。这里丘陵浑圆，坡度平缓，海拔大都在100 m左右，地面残丘广谷，波浪起伏。湘江东岸和南部有丘陵和岗丘，为中、新生代红色、紫红色砂页岩和第四系河、湖相沉积物。

水资源以地表水为主，水源充足，年均地表径流量达8.08×10^{10} m^3。除了湘江外，还有汇入湘江的支流有15条，长沙市区主要有浏阳河、捞刀河、靳江。

(二)长沙大地构造背景

长沙位于扬子板块江南构造域的中部，湘浏盆地西南缘。出露青白口系、泥盆系、石炭系、二叠系、三叠系、侏罗系、白垩系、古近系、第四系地层，缺失寒武系、奥陶系、志留系的地层。

元古宙震旦纪时，此地还处在一个广阔的古海槽之中，沉积着古老的浅海碎屑，这些沉积物曾在银盆岭至淶湾镇一带的断层暴露出来。后来经过雪峰运动和加里东运动，江南古陆地隆起。到三叠纪的印支运动，海水全部退出，东北—西南走向排列的山地、拗陷槽谷出现雏形。中生代侏罗纪的燕山运动后，本地区地层断裂拗陷逐渐演变为山间盆地。后来在古近纪末到第四纪的新构造运动中，发生了间歇性掀斜式抬升运动，造成了南高北低的地势格局。至第四纪初，地球气候变冷，出现冰期，岩石碎屑堆积于河床之中，因而形成白沙井组砾石层。后来经过间冰期的湿热气候及长期的风化、淋沥作用，在砾石层上，覆盖着白斑网纹红土。

本区经历了上述多次构造运动后，形成了北东向、北北东向、北西向、东西向褶皱构造，北东向、北西向、近南北向的断裂，这些构成本区的基本构造骨架。

该区的构造不对称，如岳麓山向斜，轴部由石炭系地层，翼部由泥盆系地层组成，两翼不对称，其南翼较陡，甚至倒转，并伴有逆冲断层，中间发育紧密排列的次级背斜和次级向斜，不过幅度由南向北逐渐变少，最后都为大型平缓构造。

(三)长沙地区地层

长沙地区出露地层有中元古代冷家溪群、板溪群、泥盆系至第四系。沉积类型有陆相、海相等多种类型。地层总厚超过 18000 km，分布面积逾 2000 km^2。其中冷家溪群—板溪群、泥盆系、第四系分布最广。地层中赋存铁、煤、石灰岩、黏土等矿产资源，其中的建材矿产资源具有工业意义。地层由老至新简述如下：

冷家溪群(Ptl)

以灰色、青灰色或灰绿色粉砂质—泥质绢云母板岩、千枚岩，厚层状浅变质中—细粒石英杂砂岩、岩屑石英杂砂岩为主，夹条带状粉砂质绢云母板岩以及条带状板岩，厚 6000 余米。

假整合

板溪群(Ptb)

下部马底驿组以厚层 - 块状细中粒杂砂岩、单调的紫红色黏土和砂泥质板岩、浅变质泥质岩为主，局部夹含砾凝灰质杂砂岩、石英杂砂岩，厚度 418 ~ 1820 m；上部五强溪组以灰白色中粒 - 块状石英砂岩、灰绿色、灰白色紫红色浅变质细粒长石石英砂岩、不等粒砂岩、石英粉砂岩为主，厚度大于 3000 m。

角度不整合

泥盆系(D)

下部为石英砂岩、紫红色泥质石英砂岩夹砂质页岩、生物屑泥质灰岩，中部以泥灰岩、砂质泥灰岩为主夹生物屑泥质灰岩、页岩及少量粉砂岩，上部以细粒 - 厚层状石英砂岩、含砾石英砂岩夹紫红色砂质、粉砂质页岩及页岩为主，顶部为含砾石英砂岩，厚度为 500 ~ 1000 m。

整合

石炭系(C)

灰、灰白微带浅红色厚层状泥晶灰岩、白云岩、泥粉晶生物屑灰岩、灰白色中 - 厚层状石英砂岩、粉砂岩为主夹黑色页岩、碳质页岩、少量细晶白云岩，厚 500 ~ 1000 m。

二叠系(P)

上部为硅质条带、燧石结核之硅质灰岩、灰岩，夹泥灰岩、泥质灰岩的碳酸盐岩，下部为岩屑砂岩、石英砂岩、碳质页岩，页岩夹煤 1 ~ 2 层，夹硅质页岩、页岩及泥质灰岩，厚 332 ~ 363 m。

三叠系(T)

仅在滦湾镇一带出露造上组(Tz)一个岩石地层单位，以灰色块状燧石砾岩及灰色细 - 中粒砂岩、粉砂岩为主，其上部夹煤层透镜体，厚约 130 m。

侏罗系(J)

以灰黑色、灰色泥岩、浅红色厚层状细 - 中粒长石石英砂岩、灰绿色细砂岩为主，夹粉砂岩及煤线，厚度大于 350 m。

白垩系(K)

下部为暗紫红色厚层－块状砾岩，中厚层状细粒岩屑石英砂岩，砾石成分以板岩为主(80% ~90%)，石英脉、砂岩等少见；上部为含花岗岩砾的紫灰色块状砾岩夹粗面岩，往上为紫红色中厚层状钙质细－粉砂岩与泥质粉砂岩、粉砂质泥岩、紫红色中厚层状细粒岩屑杂砂岩及粗碎屑岩组成，厚度 1886 ~3000 m；角度不整合于冷家溪群之上。

——————整合——————

古近系(E)

下部由灰紫色厚－巨厚层状钙质胶结的复成分砾岩组成，砾石成分以石英砂岩、石英脉、灰岩砾石为主(70% ~80%)，硅质岩及板岩砾石很少；上部为暗紫红色含钙质粉砂质泥岩、钙质泥岩、钙质粉砂岩、细砂岩夹灰绿色砂质泥岩及泥灰岩，厚度大于 1300 m。

第四系(Q)

土黄、黄红色含细砾长石石英粗砂层，白色、黄色、褐红色硬塑或软质砂质黏土、黏土、黏土质粉砂层，深棕红色、暗紫红色网纹状粉砂质黏土层、砾石层、砂砾层互层，矿物成分主要为石英、高岭石、埃洛石、伊利石等，重矿物有如钛铁矿、独居石、锆石等；厚 82 ~267 m，与下伏地层为不整合接触。

(四)长沙地区构造

实习区内地质构造较复杂，湘江以西是以湖南大学为中心，其核部为石炭系，向西为古生代地层，构成向斜构造；湘江以东是以白垩系为基底的第四系河流冲积物构成的阶地。断裂构造亦有发育，但规模不大。

(五)长沙地区岩浆岩

丁字湾望湘岩体主要为中细粒斑状二云母二长花岗岩，呈岩基产出，出露面积约为 500 km^2。与围岩冷家溪群呈侵入接触，接触面一般倾向围岩，仅局部倾向岩体。侵入体内捕虏体较多，主要出现于边部，一种为托球状，成分以细粒(少斑状)富黑云母花岗闪长岩为主，直径几厘米至几十米不等；另一种为薄饼状的黑云母团块。侵入体中围岩残留顶盖发育，剥蚀较浅。捕虏体岩性保持冷家溪群热蚀变围岩原貌。另外在岳麓山见有石英斑岩脉。

附录2 真、视倾角换算表

真倾角	岩层走向与剖面间夹角(B－C)																
(A)	80°	75°	70°	65°	60°	55°	50°	45°	40°	35°	30°	25°	20°	15°	10°	5°	1°
10°	9°51′	9°40′	9°24′	9°5′	8°41′	8°13′	7°41′	7°6′	6°28′	5°46′	5°2′	4°15′	3°27′	2°37′	1°45′	0°53′	0°10′
15°	14°47′	14°31′	14°8′	13°39′	13°34′	12°28′	11°36′	10°4′	9°46′	8°44′	7°38′	6°28′	5°14′	3°33′	2°40′	1°20′	0°16′
20°	19°43′	19°23′	18°53′	18°15′	17°30′	16°36′	15°35′	14°25′	13°10′	11°48′	10°19′	8°45′	7°6′	5°23′	3°37′	1°49′	0°22′
25°	24°48′	24°15′	23°39′	22°55′	22°0′	20°54′	19°39′	18°15′	16°41′	14°58′	13°7′	11°9′	9°3′	6°53′	4°37′	2°20′	0°28′
30°	29°37′	29°9′	28°29′	27°37′	26°34′	25°13′	23°51′	22°12′	20°21′	18°19′	16°6′	13°43′	11°10′	8°30′	5°44′	2°53′	0°35′
35°	34°36′	34°4′	33°21′	32°24′	31°13′	29°50′	28°12′	26°20′	24°14′	21°53′	19°18′	16°29′	13°28′	10°16′	6°56′	3°30′	0°42′
40°	39°34′	39°2′	38°15′	37°15′	36°0′	34°30′	32°44′	30°41′	28°20′	25°42′	22°45′	19°31′	16°0′	12°15′	8°117′	4°11′	0°50′
45°	44°34′	44°1′	43°13′	42°11′	40°54′	39°19′	37°27′	35°16′	32°44′	29°50′	26°33′	22°55′	18°53′	14°30′	9°51′	4°59′	1°0′
50°	49°34′	49°1′	48°14′	47°12′	45°54′	44°17′	42°23′	40°7′	37°27′	34°21′	30°47′	26°44′	22°11′	17°9′	11°41′	5°56′	1°11′
55°	54°35′	54°4′	53°19′	52°18′	51°3′	49°29′	47°35′	45°17′	42°33′	39°20′	35°32′	31°7′	26°2′	20°17′	13°55′	7°6′	1°26′
60°	59°37′	59°8′	58°26′	57°30′	56°19′	54°49′	53°0′	50°46′	48°4′	44°47′	40°54′	36°14′	30°29′	24°8′	16°44′	8°35′	1°44′
65°	64°40′	64°14′	63°36′	62°46′	61°42′	60°21′	58°40′	56°36′	54°2′	50°53′	46°59′	42°11′	36°15′	29°2′	20°25′	10°35′	2°9′
70°	69°43′	69°43′	68°49′	68°7′	67°12′	66°8′	64°35′	62°46′	60°29′	57°36′	53°57′	49°16′	43°13′	35°25′	25°30′	13°28′	2°45′
75°	74°47′	74°47′	74°5′	73°32′	72°48′	71°53′	70°43′	69°14′	67°22′	64°58′	61°49′	57°37′	51°55′	44°1′	32°57′	18°1′	3°44′
80°	79°51′	79°51′	79°22′	78°59′	78°29′	77°51′	77°2′	76°0′	74°40′	73°15′	70°34′	67°21′	52°43′	55°44′	44°33′	26°18′	5°31′
85°	84°56′	84°56′	84°41′	84°29′	84°14′	83°54′	83°29′	82°57′	82°15′	81°20′	80°5′	78°19′	75°39′	71°20′	63°15′	44°54′	11°17′
89°	88°59′	88°58′	88°56′	88°54′	88°51′	88°51′	88°42′	88°35′	88°27′	88°15′	88°0′	87°5′	87°5′	86°9′	84°15′	78°41′	44°15′

附录3　常用地质图例、花纹、符号

本书只列出常用的部分地质图例、花纹、符号，更多图例、花纹、符号请参阅《区域地质图图例(1∶5000)》GB958—1989。

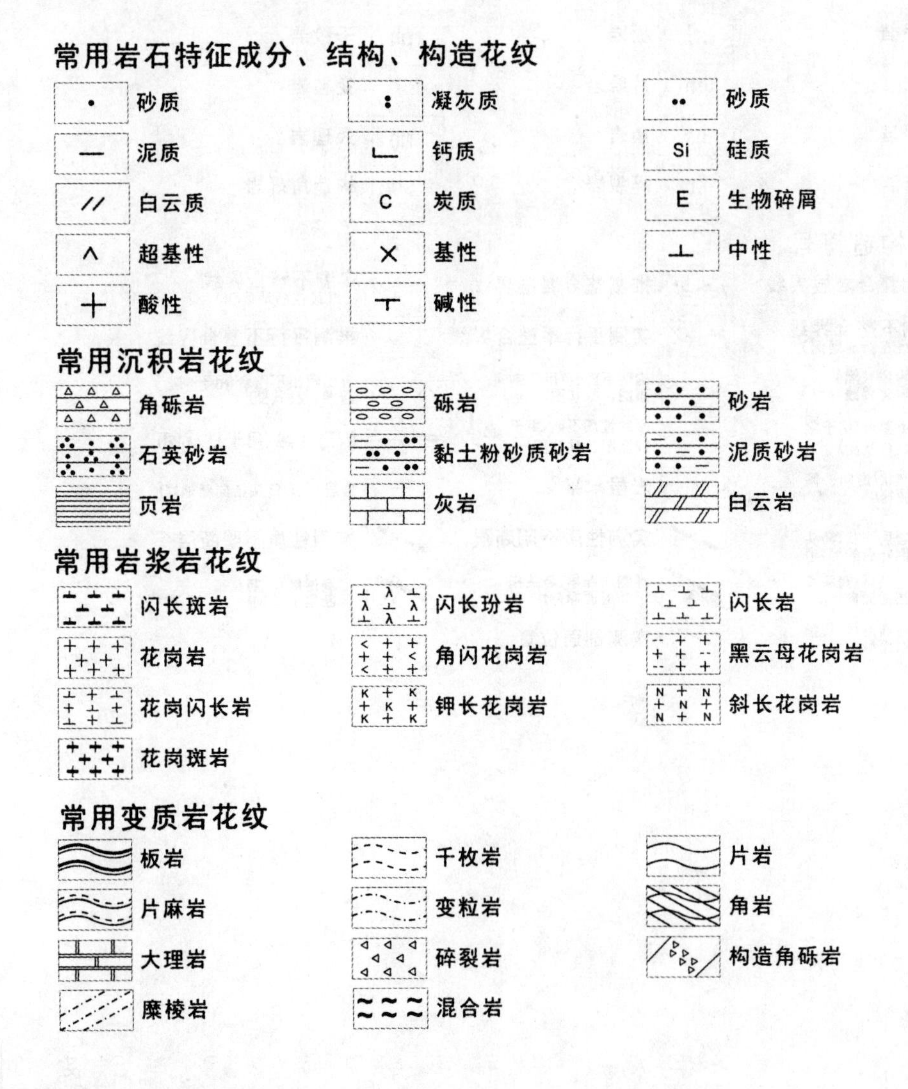

常用岩石符号

符号	岩石	符号	岩石	符号	岩石
δ	闪长岩	δβ	黑云母闪长岩	γ	花岗岩
γδ	花岗闪长岩	γβ	黑云母花岗岩	εγ	钾长花岗岩
γο	斜长花岗岩	δμ	闪长玢岩	γπ	花岗斑岩
λπ	石英斑岩	γδπ	花岗闪长斑岩	ρ	伟晶质岩石
γρ	花岗伟晶岩	br	角砾岩	cg	砾岩
ss	砂岩	st	粉砂岩	sh	页岩
ms	泥岩	ls	灰岩	dol	白云岩
si	硅质岩	sl	板岩	ph	千枚岩
sch	片岩	gn	片麻岩	gnt	变粒岩
mi	混合岩	hs	角岩	mb	大理岩
sk	矽卡岩	tr	碎裂岩	sb	构造角砾岩

常用地质构造符号

实测整合岩层界线	推测整合岩层界线	实测不整合界线（虚线在新地层侧）
推测不整合界线（虚线在新地层侧）	实测平行不整合界线	推测平行不整合界线
岩相界线（黑）混合岩化界线（红）	构造不整合(用于剖面图、柱状图)	火山喷出不整合(用于剖面图、柱状图)
平行不整合(用于剖面图、柱状图)	? 接触性质不明(用于剖面图、柱状图)	断层接触(用于柱状图)
30 岩层产状(走向、倾向、倾角)	岩层水平	岩层垂直(箭头指向新地层)
倒转岩层产状(箭头指向倒转后的倾向)	实测性质不明断层	推测性质不明断层
实测正断层(箭头指示断层面倾向)	推测正断层(箭头指示断层面倾向)	实测逆断层(箭头指示断层面倾向)
推测逆断层(箭头指示断层面倾向)	A B 实测剖面位置	

附录4　标准含量图

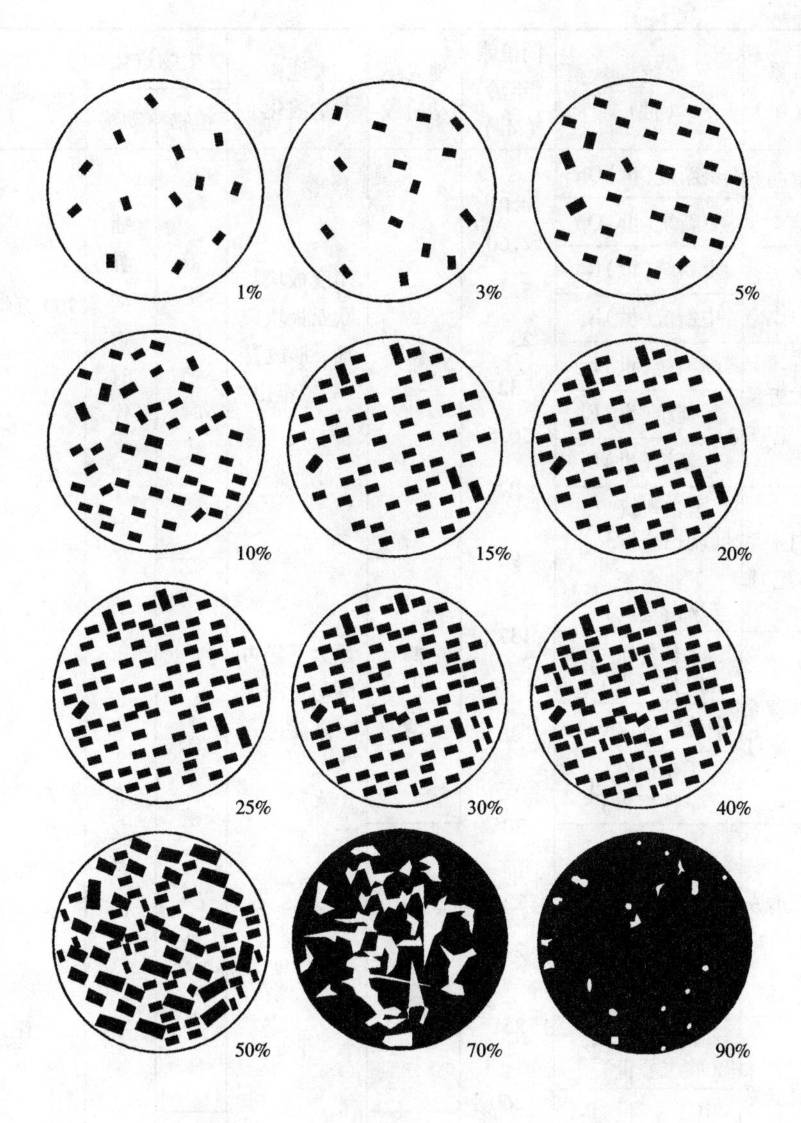

附录5 中国地质年代表

宇（宙）	界（代）	系（纪）	统（世）	同位素年龄（Ma）	地壳运动阶段	大地构造演化	生物进化 植物	生物进化 动物	地质大事件
显生宇（宙）pH	新生界（代）G_Z	第四系（纪）Q	全新统（世）Qh	0.01	喜马拉雅运动	印度板块与欧亚板块碰撞，形成喜马拉雅山	被子植物时代	哺乳动物时代	
			更新统（世）Qp	2.60					
		新近系（纪）N	上新统（世）N_2	5.30					
			中新统（世）N_1	23.3					700万年前人类出现
		古近系（纪）E	渐新统（世）E_3	32					
			始新统（世）E_2	56.5					
			古新统（世）E_1	65					
	中生界（代）M_Z	白垩系（纪）E	上白垩统（晚白垩世）K_2	96		西太平洋古陆与亚洲大陆碰撞		恐龙时代	6500万年前物种大灭绝（恐龙）
			下白垩统（早白垩世）K_1	137?	燕山运动		裸子植物时代		
		侏罗系（纪）J	上侏罗统（晚侏罗世）J_3						
			中侏罗统（世）J_2						
			上侏罗统（早侏罗世）J_1	205					
		三叠系（纪）T	上三叠统（晚三叠世）T_3	227	印支运动				
			中三叠（世）T_2	241					
			下三叠统（早三叠世）T_1	251					
	古生界（代）P_Z	二叠系（纪）P	上二叠统（晚二叠世）P_3	260					二叠纪末生物大灭绝
			中二叠（世）P_2	277					
			下二叠统（早三叠世）P_1	295					

续上表

宇（宙）	界（代）	系（纪）	统（世）	同位素年龄（Ma）	地壳运动阶段	大地构造演化	生物进化 植物	生物进化 动物	地质大事件
显生宇（宙）pH	古生界（代）P_Z	石炭系（纪）C	上石炭统（晚石炭世）C_2		华力西（海西）运动	冈瓦纳大陆裂解，亚洲大陆形成	蕨类植物时代		
			下石炭统（早石炭世）C_1	320				两栖动物时代	
		泥盆系（纪）D	上泥盆统（晚泥盆世）D_3						3.6亿年前物种大灭绝
			中泥盆（世）D_2	372				鱼类时代	
			下泥盆统（早泥盆世）D_1						
		志留系（纪）S	顶志留统（末志留世）S_4	410	加里东运动				
			上志留统（晚志留世）S_3						
			中志留（世）S_2						
			下志留统（早志留世）S_1					无脊椎动物时代	
		奥陶系（纪）O	上奥陶统（晚奥陶世）O_3	438			藻类植物时代		4.4亿年前物种大灭绝
			中奥陶（世）O_2						
			下奥陶统（早奥陶世）O_1						
		寒武系（纪）$\in$	上寒武统（晚寒武世）$\in_3$	490		古中国地台解体为古中华陆块群（500 Ma ±）			
			中寒武（世）$\in_2$	501					
			下寒武统（早寒武世）$\in_1$	513	泛非运动				
前寒武系 元古宇（宙）Pt	新元古界（代）Pt_3	震旦系（纪）Z	上震旦统（晚震旦世）Z_2	543			细菌时代		5.4亿年前生命大爆发
			下震旦统（早震旦世）Z_1	630					
		南华系（纪）Nh	上南华统（晚南华世）Nh_2	680					
			下南华统（早南华世）Nh_1		兴凯运动	形成古中国地台（800 Ma）			
		青白口系（纪）Qb	上青白口统（晚青白口世）Qb_2	800	杨子（晋宁）运动				10亿年前真核生物出现
			下青白口统（早青白口世）Qb_1	900 1000					

续上表

宇(宙)	界(代)	系(纪)	统(世)	同位素年龄(Ma)	地壳运动阶段	大地构造演化	生物进化 植物	生物进化 动物	地质大事件
前寒武系 元古宇(宙)Pt	中元古界(代)Pt_2	蓟县系(纪)Jx	上蓟县统(晚蓟县世)Jx_2	1200	杨子(晋宁)运动		细菌时代		
			下蓟县统(早蓟县世)Jx_1	1400					
		长城系(纪)Ch	上长城统(晚长城世)Ch_2	1600					
			下长城统(早长城世)Ch_1	1800					
	古元古界(代)Pt_1	滹沱系(纪)Ht		2300	中条运动				
				2500	五台运动				
太古宇(宙)Ar	新太古界(代)Ar_3			2800	阜平运动				
	中太古界(代)Ar_3			3200	迁西运动				
	古太古界(代)Ar_3			3600		已发现最古老陆壳(3800 Ma)			35亿年前最早的菌藻化石证据
	始太古界(代)Ar_3			3800					38亿年前生命出现
冥古宇(宙)				4600					46亿年前地球形成

据：1. 全国地层委员会编. 2002. 中国区域年代地层(地质年代)表说明书[M]. 北京：地质出版社.

2. 章森桂，严惠君. 国际地层表与GSSP[J]. 地层学杂志，2005，29(2)：188－203.

3. 任纪舜，王作勋，陈炳蔚等. 新一代中国大地构造图[J]. 中国区域地质，1997，16(3)：229.

4. 汪新文. 地球科学概论[M]. 北京：地质出版社，1999.

参考文献

[1] 常丽华，陈曼云，金巍等.透明矿物薄片鉴定手册[M].北京：地质出版社，2006.

[2] 全国地层委员会.中国区域年代地层(地质年代)表说明书[M].北京：地质出版社，2002.

[3] 任纪舜，王作勋，陈炳蔚等.新一代中国大地构造图[J].中国区域地质，1997，16(3)：229.

[4] 卫管一，张长俊.岩石学简明教程[M].北京：地质出版社，1996.

[5] 王家生.北戴河地质认识实践教学指导书[M].武汉：中国地质大学出版社，2011.

[6] 汪新文.地球科学概论[M].北京：地质出版社，1999.

[7] 舒良树.普通地质学(第3版)[M].北京：地质出版社，2010.

[8] 颜丹平，张维杰，周洪瑞等.北京西山及长城地区野外地质实习指南[M].北京：地质出版社，2009.

[9] 章森桂，严惠君.国际地层表与GSSP[J].地层学杂志，2005，29(2)：188-203.

[10] 魏清寿，姜克林，陈文斌等.长沙地区区域地质调查报告(1∶5万)[R].长沙：湖南省地质矿产局，1989.

彩　图

彩图 1　断层

彩图 2　石英斑岩与紫红色泥质粉砂岩接触带

彩图 3　厚层石英砂岩

彩图 4　页岩

彩图 5　泥质石英砂岩

彩图 6　节理

彩图 7　石英砂岩中的页岩透镜体

彩图 8　断层角砾岩

彩图 9　波痕

彩图 10　重荷模

彩图 11　共轭节理

彩图 12　雁列节理

彩图 13　薄层灰色硅质粉砂岩

彩图 14　褶皱

彩图 15　陡崖上出露的褶皱

彩图 16　断层及破劈理

彩图 17　尖棱褶皱

彩图 18　褶皱

彩图 19　波痕

彩图 20　风化花岗岩、风化岩脉

彩图 21　花岗岩枝侵入到冷家溪群云母片岩中

彩图 22　黑云母花岗岩中的片岩捕虏体

彩图 23　重荷模

彩图 24　铁质揉皱细脉

彩图 25　斜层理和平行层理

彩图 26　牵引向斜

彩图 27　岳麓山清风峡的褶皱

彩图 28　砾石层出现中断

彩图 29　第四系断层

彩图 30　第四系新开铺组地层

彩图 31　砾石

彩图 32 斜层理

彩图 33 与彩图 32 所示斜层理方向相反的斜层理

彩图 34 第四系新开铺组铁质风化壳

彩图 35 河流相沉积微相变化

彩图 **36**　沉积韵律

彩图 **37**　紫红色砂岩、斑杂砂岩

彩图 **38**　宽展型背斜